山地城镇规划设计理论与实践

徐思淑　徐　坚　编著

中国建筑工业出版社

图书在版编目（CIP）数据

山地城镇规划设计理论与实践/徐思淑，徐坚编著.—北京：
中国建筑工业出版社，2012.3
ISBN 978-7-112-14193-7

Ⅰ.①山… Ⅱ.①徐… ②徐… Ⅲ.①山地—城镇—城市规
划 Ⅳ.①TU984

中国版本图书馆CIP数据核字（2012）第055943号

　　本书从山地特有的环境条件出发，较系统地阐述了山地城镇规划设计与建设的理论和实践
经验，提出了山地城镇规划设计与建设中应注意的问题和解决的方法。
　　全书内容有：城镇用地选择、总体布局、街路交通组织、空间组合、景观与绿化、竖向规
划设计及城镇生态化保护建设与灾害防治等七个部分。
　　本书可供高等院校城市规划、建筑学、景观、园林绿化等专业师生以及规划设计者参考，
也可供城建部门领导和管理工作人员阅读。

＊　　＊　　＊

责任编辑：吴宇江
责任校对：陈晶晶
版式设计：北京京点设计公司

山地城镇规划设计理论与实践

徐思淑　徐 坚 编著

＊

中国建筑工业出版社出版、发行（北京西郊百万庄）

各地新华书店、建筑书店经销

北京京点设计公司制版

北京中科印刷有限公司印刷

＊

开本：787×1092毫米 1/16 印张：11 字数：273千字

2012年8月第一版 2012年8月第一次印刷

定价：**68.00**元

ISBN 978-7-112-14193-7

(22262)

自 序

　　我国是一个多山的国家，山地占国土面积 2/3 以上，栖居人口约占全国总人口一半，山地城镇约占全国城镇总数的一半。随着人口不断增长，城镇化水平的提高，社会、经济与科技的飞速发展，城镇进一步向山地发展已是势在必行。山地资源丰富，物种多样，山地城镇有着与自然环境融合，创造美丽的、有魅力的城镇独特环境的潜力，是人们理想的聚居地。但山地的自然条件与城镇建设有着很大的矛盾：可建设用地资源有限，生态环境脆弱，建设容易诱发次生地质灾害，地形、地貌对城镇的交通、市政设施系统的组织、建筑的布置影响很大，增加了建设资金的消耗等等，这也是不能回避的事实。因此，扬长避短，总结我们过去山地城镇规划设计与建设的经验，寻找山地城镇科学发展的道路十分重要，这也是编写本书的主要目的。对于一般的城镇规划设计的理论与原则、要求，不在本书中赘述。

　　本书所指的"山地"是相对于平地或平坝而言，是突出于平地的高地、坡地和具有起伏的地貌地，不包括平地或平坝。平坝是指坡度小于 8%，连片面积大于 1km² 的山间盆地、谷地和其他平地。

徐思淑

2011 年 12 月 28 日于昆明理工大学

目　录

第一章　城镇用地选择

第一节　山　地　特　征

一、山地地形特征

山地地形，按其范围可以从大地形和小地形两方面来分析。

1) 大地形：是对大地区范围地形而言，可分为浅丘、浅丘兼深丘及深丘地形三种。

(1) 浅丘地形：地形变化不大，自然坡度较平缓，约 10%～30%，相对高程在 20～50m 以内。

(2) 浅丘兼深丘地形：除浅丘外，地区内有若断若续的较大的山丘，山丘之间往往有河流贯穿，沿河两岸地势较平坦，自然坡度有缓有陡，一般在 10%～60% 左右，也有高达 100% 的陡坡，相对高程在 100m 左右。

(3) 深丘地形：地形起伏变化大，陡坡、断层、冲沟较多，相对高程达 150m 以上。

2) 小地形：是对局部小块地形而言，这种地形对于城镇建设的规划设计、用地组织等影响很大，基本形式如图 1-1、图 1-2 所示。

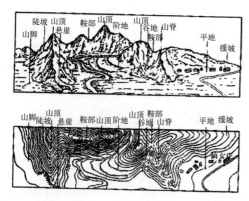

图 1-1　小地形表示

图片来源：潘延玲主编.测量学.[M].北京：中国建材工业出版社，2001.

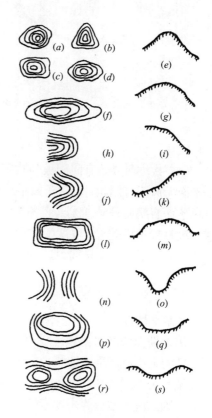

图 1-2　小地形地貌类型

(a) 圆形；(b) 三角形；(c) 矩形；(d) 不规则形；(e) 山冈形（剖面）；(f) 山堡形（平面）；(g) 山堡形（剖面）；(h) 山嘴型（平面）；(i) 山嘴形（剖面）；(j) 山坳形（平面）；(k) 山坳形（剖面）；(l) 坪台形（平面）；(m) 坪台形（剖面）；(n) 夹谷形（平面）；(o) 夹谷形（剖面）；(p) 盆地（平面）；(q) 盆地（剖面）；(r) 马鞍形（平面）；(s) 马鞍形（剖面）

（1）从工程角度分，有平地和缓坡、坡地、峡谷和起伏地形、半圆的和扇形的地形、碗形地形、断层和山顶基地。

（2）按相对位置的情况分，有山堡、山冈、山嘴、山沟、坪台、夹谷、盆地、马鞍形等之分。

（3）按坡形分，平面有：平直形、曲折形、凸弧形、凹弧形；断面有：均匀坡、阴弧坡、阳弧坡、曲折坡、台阶坡、跌落坡等，如图1-3所示。

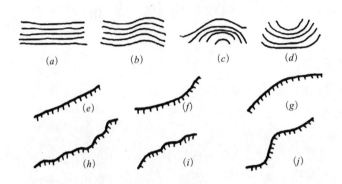

图1-3 坡形分析

(a) 平直坡；(b) 曲折坡；(c) 凸弧坡；(d) 凹弧坡；(e) 均匀坡；

(f) 阴弧坡；(g) 阳弧坡；(h) 曲折坡；(i) 台阶坡；(j) 跌落坡

（4）按坡向分，有向阳坡与背阳坡、迎风坡与背风坡之分。山的北面迎风而阴湿，山的南面无风而有阳光；山的东面早晨有太阳，而山的西南早晨则面对昏暗。南、北向坡的日照条件有明显差异（尤其在冬季太阳高度角较小时）。苏联学者研究北纬45°～60°地区南北坡日照条件差异：坡度变化2%，相当于平地纬度变化1°，孤峰和高耸山岭在不同坡向产生的阴影区，差异较大。

二、地面坡度与高程

1. 地面坡度

用地地面坡度对城镇建设有着多方面的影响：地形坡度陡会出现水土冲刷等问题；地形坡度的大小对街路的选线、纵坡的确定及土石方工程的影响尤为显著（表1-1）。城镇各项设施对用地的坡度都有所要求（表1-2）。地形坡度的大小往往影响着土地的使用和建筑布置，因此坡度常成为用地选择与评定的一个必要因素。

各种地形条件下的正常土石方工程数量　　　　　　　　表1-1

地形条件 项目名称	平地	5%～10%	10%～15%	15%～20%
每公顷土方工程量（m³）	2000～4000	4000～6000	6000～8000	8000～10000
建筑物占地面积上的土石方工程量（m³/m²）	2～4	3～4	4～8	8～10

城镇各项建设用地的适宜坡度　　　　　　　　表1-2

项目	坡度	项目	坡度
工业与仓储	0.5%～10%	铁路站场	0%～0.25%
居住建筑	0.3%～30%	对外主要公路	0.4%～6.0%
城镇主要道路	0.3%～8%	机场用地	0.5%～1.0%
城镇次要道路	0.3%～10%	港口	0.2%～0.5%
公共设施	0.2%～20%	绿地	可大可小

2. 地面高程

地面的高程和用地各部位间的高差，是用地组织中的制约因素，也是制高点的利用、用地的竖向规划、地面排水及洪水的防范等方面的设计依据。

三、地质条件

若规划设计与建设不当，在山地城镇中会引发滑坡、塌方和形成泥石流。用地选择时，应确定滑坡地带与稳定用地边界的距离，在必须选用有滑坡可能的用地时，则应采取具体的工程措施，如减少地下水和地表水的影响，避免切坡和保护坡脚等。对于各种冲沟，应分析冲沟的分布、坡度、活动现状，弄清冲沟的发育条件，采取相应的治理措施后，方可作出不同的利用。

四、地形与雨量

主要是从气候学的观点分析其降雨量与水、旱灾对城镇环境的影响。

由于具体地形的差别，不同的地段水汽的供应条件各有差异。

1. 高山的影响

高山对年降水量的影响，主要是通过地形抬升和凝结高度的变化产生的。在一定高程以下，地形抬升速度决定了山体坡度、山体走向与风向的交角、风速、高程等因素。

山，特别是高山，对年降水量的影响远大于天气系统。山是最有效的天然造雨机，据实测资料表明：高山顶年雨量接近于山脚年雨量的5倍，差别悬殊。

2. 迎风坡、背风坡的影响

在水汽供应充足地区，背风坡有其自身的特点：

1）小而孤立的山峰，多年平均降水量一般迎风坡与背风坡无差别。

2）条形山脉，如其脊线方向与水汽来向一致，山体的两个坡面上同时受到同种属性的气流影响，同高程上的多年平均降水量无差别。

当条形山脉的脊线方向与水汽来向有交角时，迎风坡和背风坡的差别随交角大小、山峰高低、山体厚薄等因素而变化，迎风坡和背风坡的雨量差别会显示出来，但其量并不大。

当山峰愈高，厚度愈大时，山体的阻挡作用就愈明显，迎风坡和背风坡年降水量的差别就愈大，甚至还会改变局部地区的大气环流形势。

3．盆地、丘陵的影响

高山增加年降雨量，盆地、丘陵则减少年降雨量（盆地雨量最少），这种现象十分普遍。

原因是地面起伏很少，气流只受到天气系统的抬升，地形抬升作用甚微，故其雨量比同时受到两种抬升作用的山区要小。

盆地，除缺少地形抬升作用外，还有盆地增温作用，能明显地减少雨量。盆地增温大小决定于海拔高低、面积大小、四周环山的高度等因素，在北方冷气流不易到达的热盆地中，盆地的年平均气温可以高于同高程的山区年平均气温 3 ~ 4℃；经常受冷空气侵袭地区，盆地的气温反而略低于同高程的山区。

4．微地形的影响

由环形山脉围成的袋状地形，只要它的开口处朝向水汽来向或天气系统的经常来向时，环形地形内的年降水量要比同高程的山间盆地大一些。

河谷比分水岭的年降水量小得多。

两山对峙且长度较小（10km 以下）的峡谷地段，年降水量比其上、下游较开阔的河谷要大，10% ~ 20% 者常见，大到 30% 的个例也有。当峡谷长度超过一定范围后，两岸的山脉形成阻塞，峡谷地形不再产生抬升作用，整个河谷的年降水量基本一致。

孤立的山峰，如其四周地形起伏较小，则影响雨量增大的范围不限于孤山本身，还要波及一定的距离，高度愈高，四周愈平坦，波及的距离愈长，一般在 5km 以内，达 10km 者也有。在天气系统来向比较固定的地区，迎风面的影响长度远比背风面要长，这种现象是因为气流流线的变化远比高山峻岭地形缓和所造成的。

山脉脊线高程变化多呈台阶状跌落，在跌落处地形坡度突变，抬升作用强烈，可使年降水量增大 10% ~ 20%。

朝向气流来向的河谷，如其宽度有收缩或扩散的变化，则雨量也会相应地增大或减少。

分析不同的地形及与之相伴的小气候特点，可更合理地分布建筑、绿地等设施。

五、地形与风态

城镇的地方性气候特征很大程度取决于海拔高程和所处的地理位置，但城镇周围的山脉，常改变大气团的流动方向与流动特点，形成地方性气候特征。

地形对风态的另一种影响方式，是与日照关系造成不同坡态的冷热温差相互作用，间接地改变局部气流循环，与大气总循环无直接关系。在无风天气情况下，不同坡面上冷热气团的交换形成山谷风；坡地上、下部分受热程度不同，使近地层空气流产生坡地风；相向两坡面之间的温差导致微山风；溪沟、冲沟底部空气与上层坡、谷空气温差形成顺沟风。水陆风也是温差引起的风态之一，冷热温差造成的风向有昼夜交替的特点。

最不利的是，山地地形在静风状态时，由于坡地冷空气下沉，在谷地、洼地形成逆温，给城镇造成十分不利的影响（表 1-3）。

地形及共生的生态特点

表1-3

地形	升高的			中间的	下降的			
	丘、丘顶	垭口	山脊	坡（台）地	谷地	盘地	冲地	河漫地
风态	改变风向	大风区	改向，加速	顺风坡涡风、背风	谷地风		顺沟风	水陆风
温度	偏高，易降	中等，易降	中等，背风坡高热	谷地逆温	中等	低	低	低
湿度	湿度小、易干旱	小	小、干旱	中等	大	中等	大	最大
日照	时间长	阴影早，时间长	时间长	向阳坡多，背阳坡少	阴影早，差异大	时间短，阴影早	时间短，阴影早	
雨量				迎风雨多，背风雨少				
积雪	少	少	少	迎风少，背风多	多	较多	最多	多
地面水	多向径流小	径流小	多向径流小	径流大，冲刷严重	汇水，易淤积	最易淤积	受侵蚀	洪涝，洪泛
土壤	易流失	易流失	易流失	较易流失			最易流失	
动物生境	差	差	一般	一般	好	好	好	好
植被多样性	单一	单一	较多样	较多样	多样	多样		多样

在植被、风态与日照共同作用下，气候垂直变化规律十分明显。一般而言，海拔高程升高100m，则温度变化约0.65℃；干空气团每上升100m，气温降低1℃。由于日照、风态的影响，山地背风区的凹地、山坳可比迎风区高1～2℃；而谷底、冲沟和靠水面地区的气温明显降低。城镇建设区内的地形，限制了建设用地的连片集中发展，形成温度的"冷桥"，有利于防止城镇热岛效应的产生。

地形本身对空气湿度无明显影响，而与水系分布状况密切相关，高出河谷50～100m的南北坡一般具有最佳的温度和湿度。

六、地形与动植物

1.生长规律

我们知道，植物分布状况除有沿纬度分布的规律外，还有十分明显的随海拔高度垂直分布的规律，林相分布也因地形而有所差异。高大乔木一般分布于谷地、盆地等地域；山脊和坡顶等多为抗风性强，利于阻止土壤侵蚀、流失的低矮灌木；草地、草坡则常是农业耕地与山地森林的过渡植被区；溪沟、河谷等近水阴湿的地带常为丰富多彩的苔藓类，植物种类比其他地段丰富。

植物与土壤具共生特性，土壤肥力又与地形有密切的关系。坡度很陡的凸起地形，如山顶、山脊、垭口等土壤肥力较差；缓坡、河边阶地和盘地常是汇水区域，土壤肥力较好。一般而言，浅丘地比深丘地生产能力强，缓坡比陡坡强，低缓坡台地比高坡段或顶部台地强。

当植物遭到破坏时，坡度对径流大小起决定性作用。陡坡径流大，地表受冲刷严重。缓坡径流小，流速慢。池湖水面则滞留雨水，作为补充地下水的主要来源；山谷、盘地、缓坡和位于坡脚的小平坝、小凹地，可能是地下水循环的主要地带；盘地、凹地和河口阶地易受淤积；冲沟易受冲刷和侵蚀；河漫地和低谷地则多为洪泛地区和地下水的出露地区。

2．建设与保护

山地城镇发展，由于捕猎和生态环境改变等原因，会使原栖的鸟类、兽类消失，因此，城镇建设要尽力保护森林、坡地、河谷、冲沟、水面等不同地形、地貌，为各种动物提供不同的生存环境。高山林地供兽类、鸟类等生存，溪沟水域为鱼类、两栖动物提供生境，河漫地、滩涂为蜗牛等贝类提供各得其所的生活环境，溪流、谷道通常是动物生境的廊道。

第二节　用地选择的原则和基本要求

一、选择原则

多年来，山地城镇建设的经验告诉我们：在用地选择中要"大局着手，小局深入"，首先要研究山水的形势和大地形对城镇的影响，而后考虑用地的地形、大小和交通条件，研究水源、水质、水量和地质、土壤及气候条件等等情况，选择中必须遵循以下四大原则：

1．安全原则

1）安居："居必常安，而后求乐"，要"内以安心，外以安目，心目皆安，则自安矣"。用地选择，首先要能防止各种灾害，使人的生命安全不受到威胁，能安心生活。这里主要是讲免受地震、山洪和地质灾害等伤害。

2）交通可达：选择的用地，要进出方便（包括物流、人流与信息流）。受灾时能迅速疏散，能保证各种救援物资迅速到达；环境不过于封闭。

3）无污染：用地内部及其周围无污染物（包括空气、水体，以及其他污染物）。

2．功能原则

1）用地较完整。采用集中或组团式布置后，能满足城镇环境容量的需要（包括用地大小、交通、水源等）。

2）能满足城镇功能多样性的要求，使布局合理，能从事生产和便于生活；空间富于变化，特色明显。

3）能提供人们心理和生理的舒适与健康条件，诸如优美、安静、祥和，适当的物理与气候条件；有可辨识性与自明性。

4）有可能适度发展。

3．经济原则

1）城镇受地形地质条件双重制约，建设用地紧缺，用地使用率不高，节约用地资源变得尤为重要。

2）城镇规模不宜过小，布局不宜过于分散，应满足各种经济社会活动在空间上的要求，满足经营管理的经济性。

3）用地工程开发费用较低，土石方工程量较少。

4）街路及水电等工程管线敷设费用较低，线路较短。

4．人与自然共生原则

1）城镇与山水共生：选址中以"负阴而抱阳，冲气以为和"为指导思想，多选取背山面水的空间模式，将城镇嵌合于良好的山水关系之中，把城镇作为山水共生的产物，使山、水、城、田协调共存。

2）城镇与气候、地形共生：尊重原地形，不大开大挖；注重"气"与"形"的共生关系。选址和布局中，要求山势地形能阻挡寒流，迎纳季风，增加雨量，争取日照，形成相对稳定的良好小气候区，使之更具活力，这对于动植物生长以及人的生态，都具有重要意义。

3）城镇与绿化、土壤、水系共生：在选址和布局中严格保护基本农田，不占或少占良田好土；重视水土的组成，因为水土的好坏直接关系到植被生态。好土有好林，好林护好土，它不仅牵涉到城镇绿化与美景，更重要的是能保持环境的生态平衡，减少灾害发生。要尽量保护原有林木与植被，保护原有水系，保护野生动物等等。

4）人工与自然共生：在城镇选址与规划设计中，应该从生态优先出发，落脚于上述三点的共生关系，以求得人与自然的和谐共处；同时，在空间尺度上，凡是人们生活、休息、交往的空间，要与地形共生，"土生土长"，距离按人的步距衡量，尺度紧凑合宜，给人以亲切感，人情味重。

二、基本要求

城镇用地的选择，也就是按上述原则，根据城镇的功能要求，对山地客观物质环境进行合理取舍。

在技术上，用地的区位、交通条件、地形、地质、地下水位、风向、不良地质因素，直接影响城镇用地的选择。由于山地自然环境的多变，山体、水系、林木、气候、标高等的多样性，造成了对城镇用地选择的多样性，实际上也不可能选择到完全合乎理想的城镇用地，选择时要根据不同性质、规模城镇的功能要求，讲究主次，采用综合性的评价方法来最后确定。

1）在用地环境的选择前应摸清以下三个方面的基本情况：

（1）摸清土地利用现状，以切实做到少占或不占良田好土，严格保护基本农田、保护性林地，使总体规划与土地利用规划相衔接。

（2）了解本地区地质情况与水文条件、地震烈度等级；按用地选择、总体规划、详细规划、建筑设计各不同阶段提出不同要求，并以此作为主要依据。

（3）了解本地区的自然条件，以正确处理城镇与自然环境的关系，因地制宜，因势利导，化不利为有利。

2）对用地环境的选择：

全面考察自然的山、水、林木、土地等现状情况。应重点考察用地的地形、地貌、地质、风向、朝向、阳光和空间的流通情况；风不宜大，要有柔和的风；阳光充足，要考虑"阴阳"平衡，促进健康，增加活力，使之有利于居民的生存；应注意考察用地地区地上、地下水资源和水流的形态及水质量、森林覆盖率、植被覆盖率与空气质量。

主要应满足以下四个方面要求：

（1）满足城镇功能要求下，追求一种能在安全上、生理上和心理上都能满足的地形、地质与水文条件。

（2）用地应满足建筑朝向、位置，道路及其他构筑物布置要求等。

（3）考虑防灾安全、供水、排水等工程因素的合理安排。

（4）在上述基础上追求城镇的环境景观优美和添加某种吉祥符号，以满足人们避凶就吉的心理要求。

3）思考方法：

（1）城镇建设的规模要与自然环境所能允许的"容量"相适应。城镇的环境容量，是指环境对于城镇规模及人的活动提出的限度，其制约条件包括静态容量和动态容量两个方面，如图1-4所示。其中，对山地城镇而言，"容量"中包括土地（可建设用地）承载力、水资源承载力、保持生态性能稳定和优于良好所需的生态限度、大气环境承载力、交通承载力等。特别是土地、水源和交通往往是环境容量的主要制约因素。用地选择时，要根据城镇规模大小的需要，主要考虑它是否有相适应的土地面积和可供水量，是否可能有适宜发展的工业基础，是否能布置公共交通枢纽，是否可能布置商业、卫生、教育、污水处理厂等基本社会服务设施，其交通容量和可达性等。

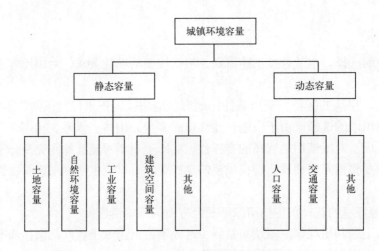

图1-4　城镇环境容量的制约条件

来源：阮仪三主编.城市建设与规划基础理论[M].天津：天津科学技术出版社，1992。

（2）要为提高山地城镇的宜居水平创造条件。以往城镇之所以愿意在平地发展，除经济、交通等因素外，主要是山地城镇规模小，公共空间少，公共服务设施差，用地分类、用地面积、容积率、建筑密度、绿地率等指标按平地指标统一考虑，缺乏灵活性等等原因，致使其宜居水平相对降低。为了促使城镇建设上山上坡，不占或少占良田好土，在山地用地选择中，应同时考虑其居住生活、生产环境优化的可能，包括创建环境优美、交通方便、功能完善、与自然环境和谐共存的城镇人工环境。因此，每块被选用地必须具有一定的建设用地面积和较小的容积率，能成片开发，交通优先，能配置较完善的基础设施和服务设施，能有效增加开敞空间，塑造特色风貌等条件，为山地城镇居民生活的现代化打下基础。

（3）估计可建设用地局部改造的可能性。必要时，对一些不理想的用地，根据建设项目的需要和施工技术条件的可能，可采取相应措施进行适当的改造，如挖高补低、分层筑台、排洪排涝，降低地下水位、提高土壤承载能力等，以充分发挥用地潜力。但为了增加建设用地不恰当地破坏原有地质构造的稳定状态，往往会人为地增加地质灾害发生的频度与强度，应特别注意。

（4）资料表明：在山地城镇中，不宜建设用地要占城镇总用地 10% ~ 15%；在地形复杂地区要占 35% ~ 40%。在地形、地质条件的双重制约下，可建设用地资源十分有限。山地城镇的规模和用地选择，以及其规划设计，不应该单纯强调求大、求直、求高和用地大块平整。现代高速交通、信息传播系统的发展，已经改变了传统的城镇理念，它使得分散的城市形态同样有集中形态的运行效果，能使中、小城镇产生出大功能。

（5）一般一个城镇用地常由几块用地组成。选择时应注意：各块用地之间合理的距离（约 0.5 ~ 1.5km）。过远，不但相互间的联系不便，还会增加道路、管线等市政工程投资与城镇日常管理费用；过近（间距小于 500m），因其间绿地、农田不易保护，应合并为一块。每块用地选用时要注意：应能满足居民日益提高的生活需要，便于统一管理，因此每一组团的用地也应具备一定的环境容量。

（6）环境的合理容量与合理规模是城镇可持续发展的基础。因此，城镇和城镇内各组团的建设强度要受控制，不能过饱和地建设，要有余地。老话说"心田留三分，子种孙耕"，才能可持续发展。

超容量的发展，实际上是对自然的"破坏"。如不必要地破坏耕地、植被、山林和大开大挖，围填河湖，进行浩大的跨流域引水工程和远距离排污等，这些往往造成明显的或潜在的生态失衡。

第三节　地质环境的选择

地质环境的平衡是由千百万年时间的历程逐步形成的，山地的开发常会造成原地质环境的破坏而引起不稳定，从而发生地质灾害。

工程地质好坏，直接影响城镇建筑、街路等设施的安全、经济和建设进度，因此，在城镇用地选择中必须特别重视地质环境的选择，考虑不同建设项目对地基承载力和地层稳定性的要求。一般不应选择在地下矿藏上面，或有崩塌、滑坡、断层、岩溶等地段。

一、几种不良地质现象

1. 冲沟

冲沟是土地表面较松软的岩层被地面水冲刷而成的凹沟，稳定的冲沟对建设用地影响不太大，只要采取一些措施就可用来建设或绿化。发展的冲沟会继续分割建设用地，引起水土流失，损坏建筑物和道路等工程，必须采取措施防止冲沟继续发展。防治的措施应包括生物措施和工程措施两个方面。前者指植被、植草皮、封山育林等工作；后者为在斜坡上作鱼鳞坑、梯田，开辟排水渠道或填土，以及修筑沟底工程等。

2. 崩塌

山坡、陡岩上的岩石，受风化、地震、地质构造变动或施工等影响，在自重作用下，突然从悬崖、陡坡跌落下来的现象，称为崩塌。对已崩塌的现象较易识别，尚未跌落而将要跌落的岩石（称为危岩）常不易判定，要认真进行勘察。

崩塌对建筑等工程的危害很大，在崩塌发生的范围内，建筑物常被破坏，特别是大型崩塌（山崩），还会使道路破坏，河流堵塞，危害严重。

对于大型山崩，在选择建设用地时，应该避开它。对于可能出现小型崩塌的地带，应考虑防治措施。

3. 滑坡

斜坡上的岩层或土体在自重、水或震动等的作用下，失去平衡而沿着一定的滑动面向下滑动的现象称为滑坡。

滑坡多发生在山坡以及岸边、路堤或基坑等地带，其滑动面积小者有几十个平方米，大者可达几平方公里，它对工程建设的危害很大，轻则影响施工，重则破坏建筑，危及人身安全。所以，在斜坡地带布置建筑，都应十分注意小滑坡的发生和防治，对于大滑坡则应回避。

4. 断层

断层是岩层受力超过岩石体本身强度时，破坏了岩层的连续整体性，而发生的断裂和显著位移现象。断层面是断层的移动面，通常它是不规则的；断层带系介于断层两壁间的破碎地带，断距是上、下盘相对位移的距离。

断层会造成许多不良的地质现象，如使岩石破碎；断层破碎带为地下水的通道，因而会加速岩石风化；断层上、下盘岩性不同，断层的活动可能使上、下盘岩石崩塌，产生不均匀沉降，尤其是地震强烈区，断层可能受地震的影响而发生移动，造成断层带上各种建筑物毁坏。

因此，在选择用地时必须避免把城镇用地选择在地区性的大断层和大的新生断层地带。大断层常伴生的小断层，也要慎重对待，要与地质专业人员研究后，方可决定用地的取舍。

5. 岩溶地段

岩溶（又叫喀斯特）是石灰岩等可溶性岩层被地下水侵蚀成溶洞，产生洞顶塌陷和地面漏斗状陷穴等一系列现象的总称。

我国石灰岩地层形成的岩溶地区分布很广。在岩溶地区选择用地和进行总平面布置时，首先要尽量了解岩溶发育的情况和分布范围，并做好地质勘察工作。建筑物、构筑物应避免布置在溶洞、暗河等的顶板位置上。在岩溶附近地段布置建筑，也要采取有效的防治措施，以防岩溶继续发展。

6. 地震地段

从防震观点看，建设用地分为三类：

对建筑抗震有利的地段：一般是稳定的岩石或土质坚实均匀的场地，以及开阔平坦地形或平缓坡地等地段。

对建筑抗震不利的地段：一般是软弱土层（如饱和松沙、淤泥和淤泥质土、冲填土、松软的人工填土）和复杂地形（如条状突出的山脊、高耸孤立的山丘、非岩质的陡坡）等地段。

对建筑抗震危险的地段：一般是活动断层以及地震时可能发生滑坡、山崩、地陷等地段。

在地震区选择用地时，需要进行工程地质、水文地质、地震活动情况的调查研究和勘测工作，根据建设用地的土质构造和地形条件，查明对建筑抗震有利、不利和危险地段，应尽量选择对建筑抗震有利的地段，避开不利地段，若在抗震不利地段进行建设，则应视具体情况，采取适当的抗震措施。对抗震危险地段则不宜进行建设。

二、地质条件选择的基本要求

1）从工程上讲：城镇用地宜选在地质构造简单，以及岩石中裂隙较少的地区为宜。

2）从地质构造上讲：主要是考虑地层的走向及其倾斜度。在褶皱复杂地段，岩层因受强烈的破坏，裂隙多，倾角大，工程性能降低，露出地表的岩石容易风化，因此若必须选择在这样的区段内建设时，可能会产生滑动和塌陷。尤其在褶皱的翼部及倾角较大的岩层上开挖建设时，由于岩层不稳定常严重影响到建设的安全性，此种情况下，若斜坡上有软硬相间的岩层存在时尤应注意。

为了安全，建筑用地宜选用在地层倾角较小的地段。

（1）当岩层倾向与山体边坡坡向一致，岩层倾角小于山体边坡坡角　时，边坡一般是稳定的；当岩层倾角大于边坡坡角，如果层间结合较弱或存在软弱夹层时，易产生顺层滑坡，如图1-5（a）所示。

（2）当岩层倾向与山体边坡坡向相反，若岩层完整、层间结合好，边坡是稳定的，如图1-5（b）、（c）所示；若岩层内有倾向坡外的节理，层间结合差，岩层倾角很陡，易产生倾倒破坏，如图1-5（d）所示。

（3）在水平岩层和直立岩层中开挖，一般是稳定的，如图1-5（e）、（f）所示。

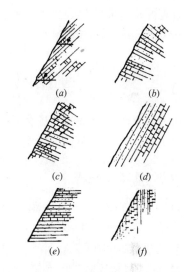

图1-5　岩层倾向与山体边坡坡向关系

来源：王健，郭抗美，张怀静主编.土木工程地质 [M]. 北京：人民交通出版社，2009。

岩石的节理及裂隙常是地面和地下水的通道，如岩石为石灰岩、石膏等，水沿裂隙流动，易发展成溶洞，选用这样的用地时，应注意防护处理。

3）应避免选用下列地段：

（1）地质不良、边坡不稳定、活动性冲沟等地，容易产生滑坡、泥石流地段。

（2）对有喀斯特、地震地区和泥炭地带要研究其安全的可靠性和工程的投资量。

（3）应避开选用陡峻的山体附近及悬岩陡壁的边缘。

（4）避免选用受水面积过大，防洪截流工程过大的地区和不便于修建下水道或水源供应困难而近期又无法实现的地区。图1-6为一选址不当的厂区位置示意：北面受水面积过

大，东南面又处于沟谷的下游地段，因
而造成防洪截流工程过大，开发投资过
高。同时，此块用地边界没有结合自然
地形划分，会造成破坏地形的过大的土
石方量。

（5）凡光秃的山、中断的山、石山、
孤山之上一般都不宜选作居住用地，即
所谓不居于草木不生之处。这些地方开
发建设的工程量均较大。

（6）地质危险地带的管理：对于城镇
的边缘地带及内部的地质危险地带应采

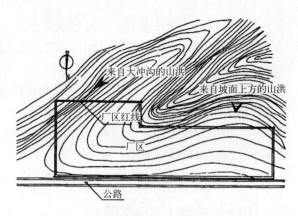

图 1-6　某厂区选址不当的位置示意

取的预防措施，包括危避，危险地安定化，结构安全化，禁建或限建，以及装设警报系统
等五种。危避是最安全的方法，但随着土地的紧缺和土地价值的逐年提高，有时不能一味
地危避；土地安定化及结构安全化需考虑成本问题，必须合乎经济原则；有些危险地带根
本就不值得花钱安定化，或者目前技术无法克服的需要禁建；有些地方虽有轻微危险，但
容易克服，可准予适度利用。

第四节　地形条件的选择

用地选择时，要同时考虑大地形与小地形的条件，特别注意被选用地的地形变化特点
和可提供建设用地的面积与坡度。

一、大地形条件选择

1）山地城镇用地一般多选择在丘陵地区，包括浅丘、中丘、深丘、盆地及台地地带，
而不选择在中山或高山地带区，即 2km 水平距离的相对高程度变化为 500 ~ 1000m（中山），
或大于 1000m（高山），这种地区地面坡度大，灾害隐患大，建设费用高。

2）从选择建筑基地的角度上来看地形，认为较缓的山冈、山堡好，台地愈宽愈好，山沟、
洼地及小盆地则较差。地形平顺、均匀最好，曲折复杂，跌落多则不利；坡度平缓较好，
越陡越不利；地质土层薄，石层承载力高，抗风化力强较好。

3）要不占或少占良田好土。

（1）要充分利用山坡的薄土、瘦地及荒坡、空地作为居住用地，要不占或少占良田好
土。占用水田不仅是占了农业高产田地，也由于水地常处在地形低洼，通风、日照、卫生
条件不好的位置，会增加基础建设费用，同时水田一般汇水面积大，修建在水田上必然带
来一些排水防洪工程，增加建筑造价。

（2）要注意防止在施工中弃土石方占用或破坏农田基本建设。

二、小地形条件选择

地貌条件主要反映在坡度、坡向、地势、形状、位态等方面。

1. 山地用地坡度利用情况

坡度的陡缓影响山地利用的方式及道路与建筑物的布置，在地质条件允许的情况下选用 5%～30% 坡度的用地十分普遍。根据建筑的适地条件、节地性、通达性和安全性等方面分析，各种坡地的利用度评价，见表 1-4 所列。

各种坡地的利用度评价　　　　　　　　　　　　　表 1-4

地形坡度	≥30%	10%～30%	5%～10%
城镇居住环境	生存环境差，适宜散居，或旅游观光等短时生活	可散居，或规模集居	生存条件较好
接地条件	差或困难，可局部少量场地利用	接地形式多样，场地空间在合理规划设计前提下可适应各种居住环境要求	
工程技术	工程措施服从当地环境，不应大开大挖	采用适地性工程措施，可充分发挥土地资源潜力，满足用地功能要求，节地性好	
社会、经济、环境效益	以社会及环境效益为主，不能追求直接经济效益	注重综合效益，可不占或少占良田好土，能可持续发展	
历史文化	人迹活动少的古今文明宝库	历史文化资源积淀区	
交通运输	人流、物流困难，通达性差	人流、物流较好，通达性较好	
可持续发展	保护原生态，避免破坏性发展	适度开发利用，开发与环保并重	
灾害影响	自然地质灾害发生因素多，安全影响大	自然地质灾害因素不大，工程安全要重视	

2. 用地坡度与技术经济

在用地地形坡度选择中应考虑能否满足有利生产，方便生活的要求；工程技术是否可能，经济上是否合理等问题。

1）坡度与土石方工程的变化规律，如图 1-7 所示。从图中可知当地形坡度超过 30% 时，土石方工程量增长幅度大。

2）在不同坡度条件下，道路曲线长度和坡度正比成，土石方工程量随之变化，即坡度愈大，道路工程投资也愈多，见表 1-5 所例。

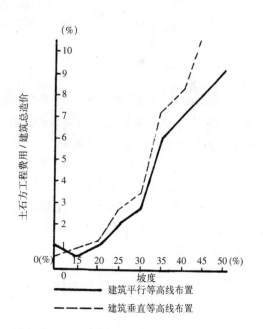

图 1-7　不同坡度用地上土石方工程的变化规律

道路曲线长度和坡度关系表　　　　　　表1-5

道路平均坡度 ＼ 道路延长倍数 ＼ 地形平均坡度	5%	10%	20%	30%	40%	50%
4%（最大5%）	1.3	2.5	5	7.5	10	12.5
6%（最大8%）	1	1.7	3.3	5	6.7	8.3
8%（最大10%）	1	1.3	2.5	3.8	5	6.8

3）坡度与建筑道路的关系，见表1-6所列。

坡度与建筑道路的关系　　　　　　表1-6

坡地类型	坡度	建筑组群与道路的布置方式
平坡地	3%	属平地，建筑及道路可自由布置，但须注意排水
缓坡地	3%～10%	建筑群布置不受约束，车道亦可较自由布置，不考虑梯级道路
中坡地	10%～30%	建筑组群布置受一定限制，车道不能垂直等高线布置，垂直等高线布置的道路，要作梯级道路
陡坡地	30%～50%	建筑组群布置受到限制，车道不平行等高线布置时只能与等高线成较小的锐角布置
急坡地	50%～100%	一般不作为建设用地，若必须作为建设用地需作特殊处理，车道只能曲折盘旋而上，或作爬山缆车道，梯级道路也只能与等高线成斜交布置
悬坡地	100%以上	不作为建设用地，车道、梯级道、缆车的布置都很困难

4）如以河水作为给水水源，当要求供水高度高出取水构筑物 60～70m 以上时，就需要二级提升，从而要增加总的投资费用和运行费用。据有关资料统计，增加一级提升，仅电费就占供水成本的 50%～70%。

5）排水一般采用分区就地处理后排放，较经济。

综上所述，用地自然坡度最好在 30% 以下，用地相对高差在 60m 以内，即便其地形比较复杂，但经过一定的组织和局部的改造后应该是可以利用的。自然坡度在 30% 以上的用地建设较困难，土石方量也大，要相应增加投资，除特殊情况外，应不作为建设用地，可供园林绿地使用。

三、建设用地分类和坡向与地势要求

1．用地分类

根据上述要求，在地质条件允许的情况下，建设用地可按坡度分为以下三类：

1）一类用地：属适宜建设用地，坡度小于15%。此类用地不包含基本农田及保护性林地。

2）二类用地：属可建设用地，坡度为15%～30%，需采用一定的工程设施加以改善后才能进行建设。此类用地也不包含基本农田及保护性林地。

3）三类用地：属不适宜建设用地，坡度大于30%。此类用地，若地质条件允许，必要时也可使用，但必须采用严谨的工程设施后才能进行建设。不允许破坏现状植被良好的林地。

台湾地区提出根据不同坡度对坡地开发比例进行分类管制的做法可供参考[1]，例如：基地内的原始地形在地块图上的平均坡度40%以上的地区，其面积的80%以上土地应维持原始地形地貌，且为不可开发区，其余土地应规划为道路、公园及绿地等设施。

2．坡向要求

坡向对日照有极大的影响，一般西、北向的山坡使用上不舒适，坡度愈陡影响愈大，其建筑布置的方法、间距等也会有很大改变。对于完全见不到阳光或阳光很少的地区，不应作为居住用地使用；在寒冷或旱风地区，特别是在风速很大的情况下，宜选用背风的坡地，或者是在迎风面背后建立防风林带。

1）阴坡与阳坡之分。阴坡与阳坡的不同利用，能使建筑的朝向、光影变化十分丰富，且为植物绿化提供多种多样的方式，树种的选择也有较大的灵活性。

2）朝南或朝东南，背山面水有利于接受阳光、避风，这是中国特定的历史地理环境条件下最佳的生存用地选择。

背山面水，一方面是能防洪、防风、通风、采光、避暑、御寒、防敌与防兽等，是为了安全。另一方面它可使城镇和建筑的建构达到完整有序、前低后高、左右护围、稳妥等等条件，从某种意义上说也是为了安心和安目。

背山面水能使环境具有良好的防御性，形成天然的屏障；形成相对封闭、半封闭的自然环境，可为居民创造一个符合理想的生态环境。前低后高的城镇布局，一方面易于排水，另一方面使前面的房屋不致遮挡当地的主导风向和景观。

3．地势要求

1）不便于排水的潮湿、低洼，以及通风异常不良的封闭小盆地或谷地一般不作为建设用地。在多雨或长年高湿度地区，更应注意把用地选择在日照和通风条件都很好的干燥高地。

2）一般在山顶和分水岭处、无地下水处不搞建设。

3）在无风又炎热的地区，最宜选用河谷、山垭口和盆地。

四、山地居住区与工业区的特殊关系

山地工业用地的选择，除按一般原则考虑工业区与居住区上（下）风与上（下）游的关系和生产工艺要求外，在山地，主要是要注意工业区与居住区上（下）班交通的空间分布与上（下）班交通所消耗的时间，以及由于地形造成的地方气流对用地选择的影响。

1）工业区用地选择时，要注意与居住区之间的距离及其间的交通条件，使其二者间

[1]《山地城乡规划标准体系研究》项目组.《山地城乡规划标准体系研究》开题报告 [R].重庆市规划局，2011。

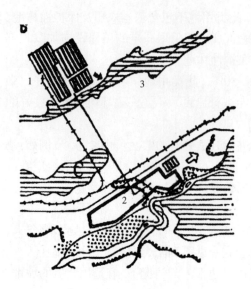

图 1-8　山地居住区与工业区距离较远

1—工业区；2—居住区；3—较高山体

来源：（苏）N.M. 斯莫利亚尔编. 新城市总体规划 [M].
中山大学地理系译. 北京：中国建筑工业出版社，1982。

图 1-9　山地居住区与工业区距离较近

1—居住区；2—工业区；3—中心；4—次中心

来源：（苏）N.M. 斯莫利亚尔编. 新城市总体规划 [M].
中山大学地理系译. 北京：中国建筑工业出版社，1982。

有便捷的交通，以缩短上（下）班的交通时间，保证劳动者获得必要的精神生活、教育、休息和参加社会活动的时间。

对于不同规模不同生产特点的工厂布局也应有所区别，如冶金、化工类工厂宜远离居住区（10 ~ 12km），如图 1-8 所示，而地方性企业、食品加工业和轻工业及其他吸引大量人流的工业企业则离居住区宜较近，如图 1-9 所示。

2）在考虑工业区与居住区关系时，不仅要考虑风的频率，而且要考虑风的速度和气流的波动情况。如在窝风的山地和山谷，特别是在冬季，不良的烟尘不易扩散，会形成局部范围高浓度的污染地区和地带，气流停滞，烟雾笼罩数日不散的情况时有发生；若污染沿着山谷的平行方向流动，会给远处下风侧造成持续的高浓度。

3）有污染物质的工业或其他项目，从污染源排出后，因其所在的地理环境不同，危害程度也有差异，要注意其用地的选择。

第五节　工程、经济条件选择

用地选择时要注意用地的土壤、地形条件对建筑、道路等工程造价的影响，并考虑用地工程准备的复杂程度。但用地选择中不能只作经济分析，要综合考虑用地的社会价值，卫生、舒适价值，以及环境、能耗价值。单从经济分析看，山坡地与平地的比较见表 1-7 所列。

一、工程因子条件考虑

1．土壤

包括承载能力，稳定性，潜在的侵蚀，排水特征，植被的可能性等都会直接影响其开发价值。

2．水系

除考虑水源、水量、水质等条件外，分水岭与场地的排水方式，地表水流动，洪水流与洪灾，

山坡地与平地对比	表1-7
山坡地	平地
土地购置费低	土地购置费高
可以少占或不占良田好土	通常要占用良田好土
建设费用较平地高	建设费用比山地低
对人的生活有影响	对人的生活影响小
环境景观条件好	景观条件较差

地下水等情况，也会直接影响用地的开发利用。在山地应特别重视原有场地受水面积、排水系统，若能利用原有排水系统最安全、经济。

二、安全及生态敏感性考虑

1）地表水的径流与保水功能；
2）岩石表面侵蚀与表土流失（土壤的保持功能）；
3）地下水的涵养性；
4）防止地基振动的液化（泥石流）可能性；
5）洪水泛滥，地表积水成涝的可能性；
6）滑坡、崖崩的可能性；
7）景观价值。

三、经济考虑

1）用地坡度不要过陡、过高，坡度宜在30%以下，相邻各块用地高差不宜大于100m。

2）交通、水、电、污水处理是山地开发必须考虑的重要因素，要估计用地内外各种道路、管线的线路长短以及桥涵设施等的数量及大小，以及供水、排水、污水处理的可能性与投资、经营费用。

3）要估计用地内土石方的开发量，考虑能否经济地处理土石方，能否就地取材。

4）重视近期要实现地区的工程准备和市政建设等的投资需要量。

第六节　山地开发环境影响评估 [1]

为了科学合理地开发山地，保证城镇的安全、经济和功能的合理，以及环境的可持续发展，必须对各项较大的山地开发项目进行评估。

---

[1]　吴隆堃. 简述山坡地开发环境影响评估架构体系 [J]. 建筑师（台湾），1988（10）。

一、开发评估范围

1）开发建筑的山地面积大于 $10hm^2$；

2）新建、拓建道路 10km 以上；

3）游憩用地开发总工程费在 5000 万元人民币以上；

4）墓园开发面积超过 $510hm^2$。

以上均属重大开发利用行为。

二、评估的重点

山地开发环境影响评估是从水土保持、占用农田、占用保护性林地、城镇规划、环境、景观、生态、经济、交通、社会等各方面进行综合评估，着重在开发政策、经济、环境及工程技术的几个层面。评估的方式是按开发单位提出的几个方案，筛选各种主要的或潜在的各种重大环境问题加以分析研究，使最终确定的山地开发方案能更好地实施。

三、评估依据

1．物理化学环境系统

1）地象：其因子为地形、地质、地貌及水土保持。应调查现状地形坡度、地上物或林相分布等地形地貌，土壤性质、表土厚度、基岩分布、岩石特性等用地地质现况，用地水文水系、崩塌地分布、土壤冲蚀、边坡稳定、护坡挡土等水土保持现况资料，并作出分析。

2）大气：其因子为气象、空气品质，包括调查用地或附近地区近年来有关温度、雨量、湿度、风向、风速、地震等气象资料现状，以及影响区域内有关空气品质、悬浮微粒、硫氧化物、氮氧化物、一氧化碳、硫化氢等含量，并作出分析。

3）水体：其因子为水源、水量及水质。包括采样调查其影响范围内地表水的水温、溶氧量、pH 值、BOD、COD、重金属含量、大肠菌含量等水质现状以及地下水位、陆域水体、水源、水量等资料，并作出分析。

4）噪声振动：其因子为噪声和振动，包括早晚、日间及夜间等三个时段，用调查用地声能通量 dB 值与振动值为准则。

5）废弃物：其因子为住户、单位垃圾与工业废弃物，应作估算。

2．人文、社会、经济、环境系统

1）文化环境：其因子为古迹与文化资产。

2）社会环境：其因子为人口、聚落、就业、交通、教育、医疗、通信、电力等。包括调查影响区域内有关人数、性别、年龄、组成、职业、聚落分布及生活习性等情况。

3）经济环境：其因子为产业、土地利用、房地产市场、居民所得、税收等，包括调查当地交通运输、学校、医院诊所、电力、电话、照明等公共设施情况，调查分析当地产业活动、土地利用、地价、房价等资料。

3．生态环境系统

1）植物：其因子为一般植物、稀有植物，包括调查乔木、灌木、草本及攀缘植物的种类、密度、族群特性、生长能力等情况，建立古树、名木的档案。

2）动物：其因子为一般动物、稀有动物，包括调查哺乳类、鸟类、爬虫类、两栖类、蝶类及其他昆虫的种类、数量、栖息分布等现状情况。

四、景观类美质环境系统

1）景观美质空间，其因子为景观美质资源、视域、景观空间意象等，包括调查分析影响区域内景观资源分类、景点分布、视域范围、视觉意象等景观美质空间现况。

2）调查统计影响区域内游憩形态、游憩活动需求量、游憩设施、游憩费用等各种游憩活动资料。

五、评估基准

主要是依照国家已颁布的有关上述环境系统的政策法令，如空气标准、水质标准、噪声品质标准、垃圾及废弃物清理法、文物保护法等等为评估基准。景观美质环境评估较为抽象，一般按其美观资源的丰富性、四度美质空间变化性、景观特性、资源内涵等进行主观评价；游憩活动环境品质评估，主要是依其环境特性、品质、公共设施、游憩设施及教育功能等进行分析评估。

第二章 总体布局

第一节 山地对城镇布局的影响

山地城镇规划建设的要求是和谐、自然、宜居、宜业，做到布局严谨、群体协调、交通方便、配套完善、建筑风姿异彩，符合人们对时代生活的要求；但另一方面它必须遵循和利用地形、地质与水文条件。只有充分考虑了这两方面的问题，方能减少或避免由于地形、地质条件所带来的一系列困难。不注意研究利用地形、地质条件，不仅会造成建设造价和土石方工程量等的增加，也常常导致城镇功能的不合理以及环境的破坏和灾害等等，直接影响人们的使用和安全，不利于居民生活和生产，也会导致将来发展的困难。

一、宜建用地空间的规模有限

一些城镇必需的功能单位，如机场、铁路站场以及某些工业生产用地等等，对地形的坡度、用地地块规模有比较苛刻的要求。而山地城镇所辖地域范围内适宜建设的用地往往欠缺和规模受限，当地原始地形、地貌对城镇布局影响很大。

二、小环境的特殊性对建设适地性要求高

山地复杂多变的地形、地貌、地质状况和由此衍生而成的局地小气候、水文条件等等，都会使城镇的布局发生变化。

1）山谷、山坳、鞍部与小盆地等凹向围合空间，建筑多集中成簇布置，内聚力强，人的注意力容易被引向空间的中心和底面。当用地范围小时，视线和视野比较封闭。

2）山堡、山冈、山嘴、山脊和山顶等凸向开敞空间，建筑多沿山坡呈竖向错落布置，扩散性较强，不易形成中心，视线一般无阻拦，视野开阔。

3）坡地、台地等半开敞空间，建筑多沿等高线呈带状、半边街方式布置，建筑之间高低错落，临空面视野敞开，背山面受阻。

三、影响建筑、街路等建设及工程投资

1. 加大了交通系统、市政基础设施系统的组织难度

山地城镇交通系统组织受地形、地貌限制大，城镇的规划布局首先决定于街路的布置；在考虑城镇功能单元的内部联系、不同功能单元之间的联系、城镇对外联系等各种不同要求的同时，要尽可能地适应地形，照顾不同交通体系间的合理衔接。山地走势限制了建筑和道路系统的布置，只有在缓坡（坡度小于10%）条件下，才能进行对称布置，地势取代了轴线。

市政基础设施各子系统，每种都有相应的技术规范与要求，要将这些子系统综合协调构成城镇市政设施体系，其间技术矛盾的协调是关键和难点。

2. 对建筑设计提出了相应的特殊要求

建筑布局除了要满足正常使用要求外，还必须尽量适应地形，以节约建设用地，减小工程量。因此在山地建筑设计过程中，与地形、环境如何有效结合就成为了一个重要的专项研究课题。

3. 增加了建设资金的消耗

1）原始地形条件一般难以满足建设要求，不得不投入较大的资金用于对地形的改造。这是山地城镇建设投资总要比相同规模的平原城镇高的原因之一。

2）规划、设计的难度增加。在地形、地质、环境特殊的条件下进行规划和建筑设计，必须考虑其中大量的可变因素，以保证建设的质量和安全。所以，不论是前期的地质勘测、环境调研，还是设计过程中的探讨，都要求比平地的城镇更为细致、周详。为了找到一个较好的建设方案，工作人员所付出的劳动往往要比一般城镇规划大许多。

3）工程建设难度、周期增加。在山地条件下，施工条件、工程机械施工的操作受一定限制，所以施工周期往往会比较长。这些都会增加相应的建设开支。

4）市政公用基础设施难以发挥规模投资效益。在山地环境条件下，往往难以达到"规模运营"的基本规模。从而造成山地城镇公用基础设施综合水平较低，供应能力差，与城镇地位不符的情况。

第二节　山地城镇规划设计的传统导则

一、节能、节地，突出自然因素影响

山地城镇对节能、节地和自然因素的考虑格外突出，对建筑和场地的通风、采光、避暑、御寒等的生活要求，都是尽量利用自然条件去解决，尽力去适应当地的气候因素。

传统做法：

1）城镇与建筑尽量选在依山就势的地方，成团聚居，建筑簇立，以节约耕地，又接近水源；尽量较少地破坏地面植被和自然环境，维护生态平衡。

2）尽量使城镇与房屋朝南或朝东，使建筑和场地有良好的日照、通风，能源消耗低，保温性能好。

3）建筑和街路布局多适应地形，随高就低，蜿蜒曲折，不拘一格，从而使城镇与建筑、街路以及自然环境密切融合联系在一起。

4）城镇或居住组团规模小，间隙大，因而建筑密度高，组团内绿化率低。

5）建筑以单调的矩形为基本平面单元，但与当地的气候及地形条件有机结合，却可以组合出极富变化的建筑群，以整体空间环境和群体的魅力，给人不同的艺术感受。

6）山、水、城、田结合。严格保护良田好土，充分利用山地陡坡、洼地、高地、冲沟、滑坡区等不适于建设的用地种树绿化，形成用地虚实交错，建筑与山体、树木、竹等紧密结合的人居环境。

7) "就地取材"。大量采用当地的建筑材料，并采用特殊的建筑方法，形成各自的地域特征，如大理白族的乱石砌墙、西双版纳傣族的竹楼、楚雄彝族的"土掌房"等等。

二、因地制宜，重视微地形、地貌和地质等条件

主要反映在对用地坡度、坡向、地势、形状、位态、地质、土壤、水体及原有排水系统的慎重考虑。

传统布局上多采用的方法：

1) 骨架自然。多采用与等高线一致方法建设，其街路系统都是顺应自然，不采用方格网式布局，且街路往往和路边建筑空间结合为一体，甚至有的街路是穿越建筑而过。

2) 原地面的破坏少，不改变原有地表的径流，并将其集中起来，引入蓄水池和灌溉系统，以减轻和避免灾害的产生。

三、立体规划设计，重视用地的垂直分区和竖向设计

1) 平面中心已不具意义，取而代之的是空间重心。规划设计时，常把公共服务中心及供居民使用的主要建筑，首先布置在行走省时、省力的高差中心，或交通方便的地方；将相互联系紧密的项目组合在相近的标高上；专业性强，交通量较小的项目错落布置在零星边角用地上等等。

2) 对通达性的考虑，不是看它的平面服务半径，而要考虑其到达街路的平面弯曲系数与垂直高差，考虑不同路况的实际车速与人们步行上下的疲劳程度。为了提高其可达性，改善交通条件，也常采用隧道和旱桥；也可利用地形高差采用室外踏步、天桥等分层入口或中层入口，使建筑内外紧密结合，这样不仅适应了地形要求，也增加了户外的活动场地，丰富了建筑景观。

3) 重视屋顶，充分发挥平屋顶的露台作用。地形的高差为人们创造了很多仰视、俯视条件，屋顶作为第五立面，对景观影响极大，应予以特别注意。另一方面，在地形复杂地区，由于山地平坦宽敞的地方少，一般很少有广场，各种户外活动除依靠街路外，常利用屋顶或附建平台作为户外活动场地；有的还将各栋屋顶平台串联起来，以扩大活动范围。

4) 巧妙利用地形高差布置各种建（构）筑物。如利用高地布置水池等标志性建（构）筑物；利用地形高差组织立交，布置重力仓库和料斗；利用凹地及高差布置运动场和作防火、防爆、防震、隔声、避晒等的自然屏障等等。

5) 适应地形环境，创造多种形式的立体庭院。由于地形的高差，建筑基底常位于不同的标高，建筑环境也处于高低不等的层次中，因而立体庭院与垂直绿化更有条件形成。

四、从宏观环境出发，控制和形成风貌各异的城镇景观

传统山地城镇易形成风貌各异的城镇景观，在于山地可以充分发挥其丰富的大地立体构造，能让人们登高眺望，以开阔视野与心胸；能突出山峰姿态并以其为地标，起空间的界定作用；以山林为背景（常作为风水林），衬托城镇形象和天际轮廓线等等。

1) 总体上抓住有制控效应的景点，包括制高点、俯视点、控制点、转折点、特异点。

2) 重视城镇边界的远景视野。

3）把街路作为山地城镇的"轴线"，作为取得整体秩序的最有效手段，把当地富有人情味的街市生活场景如茶馆、开敞铺面等在这里展开，使人感受到城镇的文脉与气息。

4）建筑多结合地形组合设计，适地性特强。

第三节　城镇布局形式

山地城镇的布局形式是山地地形、地貌和自然生态立体多样性的必然产物。地形特点作用于城镇结构形态与发展过程十分明显，形式各异，可归纳为下列三种布局形式：

一、组团式

较小的山地城镇常集中成团布置；规模较大的城镇，则常由山川地形自然分割，使建筑成簇成团布置，形成若干自然组团，其间有绿地间隔，相互用道路连接，组成组团式城镇环境，如图 2-1 所示。

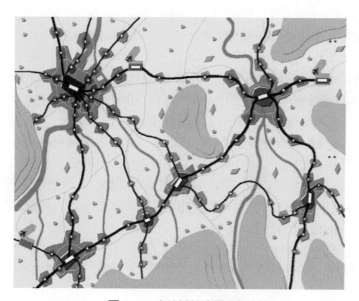

图 2-1　山地城镇布置示例

1. 特点

1）常以单中心或多中心组团为核心向多组团组合。

2）常出现在山区河、谷的交汇口，或沿沟谷道、公路成带状布置。

3）组团规模不大，一般为 0.5 ～ 5 万人。

4）组团数目常为 2 ～ 6 个或更多。

5）组团之间由水路、公路或铁路联结。

6）城镇常有多个中心。

7）总体布局上自由灵活，没有明显的纵横轴线，外围轮廓也不遵循几何形状，根据地形条件而定。

2. 优越性

集中紧凑和有机分散相结合的空间结构，不仅适应山地的自然环境特点，也符合生态的基本原理。

1）集中与分散结合，城镇空间发展具有弹性，为城镇发展留有较大余地。

2）城乡交错，环境优越，有利于城乡一体化与自然演进的生态平衡。

3）若组团内部功能较完善，职住平衡，能有效地减少跨组团交通出行，有利于客、货交通流量和流向的平衡分布，减少了对中心地区过度集中的交通压力和环境污染，净化城镇交通环境。

4）有利于减灾防震，应急疏散。

5）景观特色明显，有利于实现"大地园林化"和山、水、城、田的园林城镇格局的形成。

6）有利于改善城镇热环境，降低城镇热岛效应；城镇内部声、光、热环境质量好。

3. 要求

1）每组团必须有一定的规模，不宜太小。每块组团内应便于组织一整套比较完整的公共文化福利设施，包括小学、托幼、老年服务设施、医疗站、商业供应、餐厅、理发、邮电等设施，并使这些设施有合理的经济规模和合理的服务半径。与之相适应的每个组团内的常住人数约为5000～50000人，最少不宜少于3000人。

当组团内有工业时，应能满足组团需要的必须就地协作的技术经济规模。

2）城镇用地应选择有两个以上的、不同方向的对外出入口；按第一章中所述，城镇内各块组团不应过于分散布置，之间应有方便的联系。

3）各组团与城镇各物质要素之间应有机联系，并使各块用地在道路工程、管网等市政设施方面经济合理。

4）组团内追求集约型内涵式的开发，并尽量实现废弃物资源化、减量化和无害化。

5）评价所有大体量的建筑物和构筑物的布置是否得当，是否与地形结合，是否有与自然环境融成一体的优美的轮廓。

4. 组团组合形式

主要有子母状分布、带状分布、环状分布等形式，如图2-2、图2-3所示。

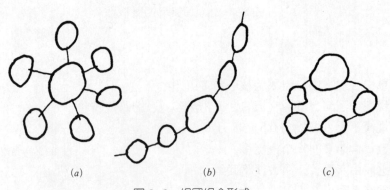

(a)　　　　　　　　(b)　　　　　　　　(c)

图 2-2　组团组合形式

(a) 子母状分布；(b) 带状分布；(c) 环状形分布

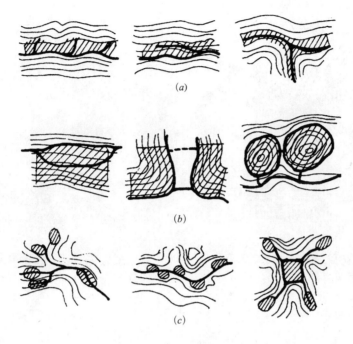

图 2-3　各种布置形式

(a) 沿路成线布置；(b) 成块布置；(c) 成组布置

具体组合方式（图 2-4 ～图 2-8）：

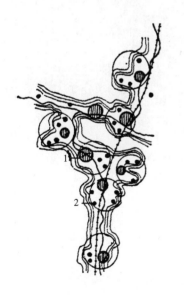

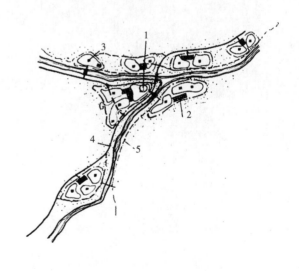

图 2-4　组团式布置示例一

1—地段中心；2—组团中心

图 2-5　组团式布置示例二

1—城镇中心；2—地段中心；3—组团
中心；4—城镇主干道；5—城镇次干道

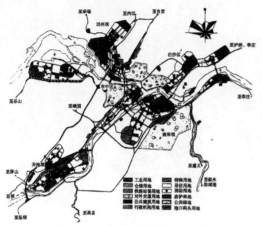

图 2-6　综合式布置示例——1997 年四川省
宜宾城市总体规划

来源：黄光宇.山地城市学原理 [M].北京：中国建筑
工业出版社，2006。

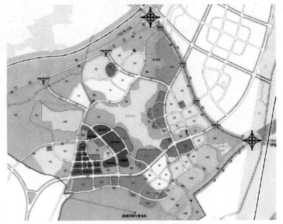

图 2-7　云南省嵩明县某组团布置

来源：苏州科技学院空间设计研究所、云南省昆明
市规划设计研究院。

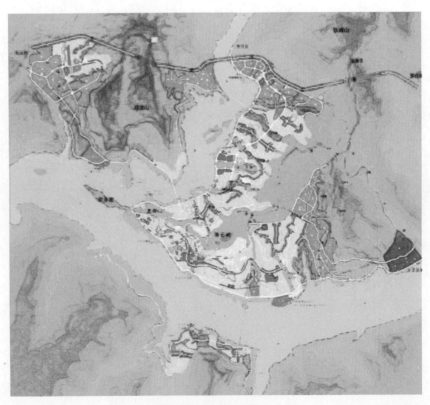

图 2-8　重庆云阳县城

来源：重庆大学城市规划设计研究院。

1）用地位于山谷相间的丘陵坡地上，形成几个分支，在各分支的汇集处布置中心。

2）用地位于山坡处，采用靠山布置方式，中心沿山麓干道布置。

3）用地位于较大山谷的一侧或两侧坡地上，中心位于交通方便的谷口附近。

4）用地沿河川两边或一边，呈带状布置。

5）用地位于"坝子"边缘，靠山面坝成块布置。

6）用地环绕孤山布置，中心位于交通方便的一边。

7）用地环绕湖塘布置，中心位于交通方便处。

二、带状式

1.城镇沿公路河谷一侧或两侧布置，呈带状，逐渐延伸；或沿山体等高线窄幅发展，向上、下逐步扩展。

2.城镇不宜过长，规模不宜过大，内在秩序自由，随意发展，街巷空间变化丰富自然。

3.若在大狭谷中发展城镇，其规模必须控制，因在狭谷中只有依靠狭谷的两头设置对外交通，且不可能设置多条道路和使道路过宽，否则，交通隐患大，容易堵塞。

带状式的另一种形式为长藤结瓜式，即城镇沿等高线、公路或河谷呈线状或环状布置，沿线在地形较开阔地段组团状开发，形成长藤结瓜状的城镇形态，其实也是组团式的一种。

三、混合式

即组团式加带状式，可由一支或多支将各组团组合而成。规模较大的城镇多采用这种形式组合。

第四节　城镇内部布置

山地城镇（组团）内部布置，一般都是结合地形，布局自由灵活，没有明显的纵横轴线，外围轮廓也不遵循一定的几何形状，有的聚居成团，有的伸延成带，或者兼而有之。具体布置方法应视城镇的规模、地形情况以及坡度、坡向、地质等多种情况而定。

一、基础资料分析

1）背景研究，应从宏观、中观和微观三个层次进行分析：

（1）宏观背景研究，主要是从大区域范围内，研究城镇所在的区位、性质与规模、作用与特征及其重要性。

（2）中观背景研究，主要是从城镇所在的地域范围内，研究城镇所在的区位、性质、功能要求、特征及其重要性。

（3）微观背景研究，主要是从小范围内，研究城镇所在地区用地的自然条件与周边情况以及对规划设计的影响。

2）地形、地貌分析，包括用地的高程分析，坡向分析，山脊、山谷分析，土地利用的现状分析等，如图2-9～图2-14所示。

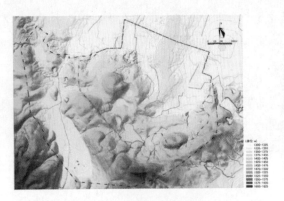

图 2-9　用地的高程分析示例

来源：加拿大沃德城市设计公司，湖南城市学院规划建筑设计研究院编制．五洲建筑主题园 [R]．云南省蒙自市规划局。

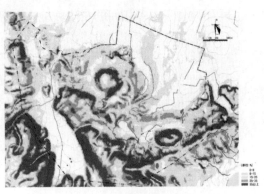

图 2-10　用地的坡度分析示例

来源：加拿大沃德城市设计公司，湖南城市学院规划建筑设计研究院编制．五洲建筑主题园 [R]．云南省蒙自市规划局。

图 2-11　用地的坡向分析示例

来源：加拿大沃德城市设计公司，湖南城市学院规划建筑设计研究院编制．五洲建筑主题园 [R]．云南省蒙自市规划局。

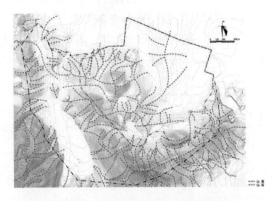

图 2-12　用地的山脊山谷分析示例

来源：加拿大沃德城市设计公司，湖南城市学院规划建筑设计研究院编制．五洲建筑主题园 [R]．云南省蒙自市规划局。

图 2-13　用地的土地利用分析示例

来源：加拿大沃德城市设计公司，湖南城市学院规划建筑设计研究院编制．五洲建筑主题园 [R]．云南省蒙自市规划局。

图 2-14　用地的地形鸟瞰

来源：加拿大沃德城市设计公司，湖南城市学院规划建筑设计研究院编制．五洲建筑主题园 [R]．云南省蒙自市规划局。

3）用地的地质敏感性与生态敏感性分析，详见第七章。

4）用地的适建性分析，如图 2-15、图 2-16 所示。

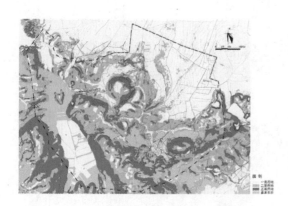

图 2-15　土地的适建性分析（土地分类）

来源：加拿大沃德城市设计公司，湖南城市学院规划建筑设计研究院编制.五洲建筑主题园 [R].云南省蒙自市规划局。

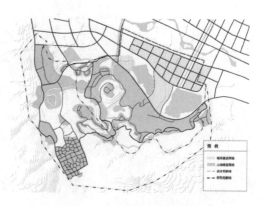

图 2-16　土地的适建性分析示例

来源：加拿大沃德城市设计公司，湖南城市学院规划建筑设计研究院编制.五洲建筑主题园 [R].云南省蒙自市规划局。

5）用地的地方小气候分析，详见第四章。

总体布局应在上述的各种基础资料分析的基础上，综合其利弊，进行各种布置，并进行多方案比较，以得出合理的结果。

二、居住区布置方式

1. 沿等高线布置（图 2-17、图 2-18）

城镇用地布置在同一或相邻的等高线上，多沿主要道路延伸，规模较小，适用于较大的山沟、河岸或谷地，其优点是顺道路发展，联系方便，并可以利用原有冲沟排水。缺点是纵向线路长（不宜超过 3km），不便于扩建。

2. 顺坡布置（图 2-19～图 2-21）

用地由高到低或由低到高发展布置，一般在坡度较小的冈脊地或较均匀的单向坡地上采用。优点：当为向阳坡时，能利用地形高差紧凑布置，通风、采光好；建筑高低错落，轮廓线富于变化。缺点是竖向交通组织较困难。

图 2-17　沿坡地等高线布置示例

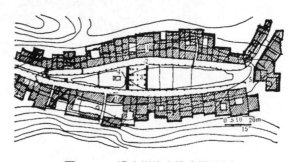

图 2-18　沿山脊等高线布置示例

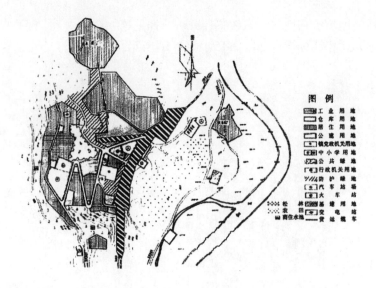

图2-19 顺坡布置示例一——万源县官渡集镇规划镇

来源：黄光宇.山地城市学原理[M].北京：中国建筑工业出版社，2006.

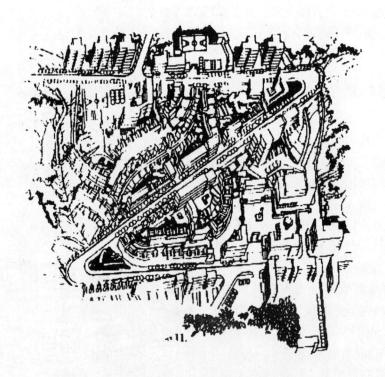

图2-20 万源县官渡集镇规划镇中心区规划设计

来源：黄光宇.山地城市学原理[M].北京：中国建筑工业出版社，2006。

图 2-21 顺坡布置示例二

3. 综合式布置（图 2-22～图 2-24）

结合地形，综合采用上述两种布置方式成组团式发展，各组团之间为绿化与农田。

上述各种布置方法的采用，主要是要充分发挥地形、地势的潜力，变地形高差的不利因素为有利因素。

三、公共福利设施布置

为保证山地城镇居民有良好的物质生活条件，并考虑各公共福利机构本身经营的经济性，除按一般原则配置这些设施外，应根据山地地形和用地布局的特点进行布置，原则上实行大分散、小集中，大、中、小结合。各类公共福利设施应该是多点而均匀布置，每点规模一般较平地城镇为小；同时应仔细研究各种设施的使用对象和使用频率，将其作合理安排。

1. 提供居民日常服务的公共福利设施布置

1）为居民日常服务的食品、工业品商店，以及生活服务行业等机构，由于其规模小，与居民接触频繁，在山地交通较为不便的情况下更应注意就地解决，尽可能地将它布置在相近标高的步行距离以内，结合会所、公共绿地等，综合设置在独立的建筑物（群）内。

2）为几个毗邻生活单元共同使用的服务机构，包括小学、托幼、卫生所、老年服务中心及较大的商店等服务设施，应设置在其所服务的几个生活单元的交通方便处，并考虑其与绿地结合形成的组团的内聚中心。

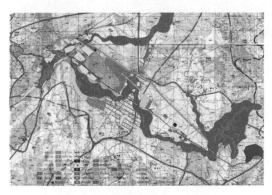

图 2-22 云南师宗县总体规划

来源：北京建筑设计研究院编制。

图 2-23 云南省石屏县总体规划

来源：云南省石屏县住建局提供。

图 2-24　各组团之间为绿化与农田

3）对于组团内的公用设施，包括仓库、停车场、公共厕所、生活垃圾收集点及转运站等用房，可充分利用有利地形进行设置，或利用山体，采用窑洞式建筑或掩土建筑，以节约用地。

2. 供居民定期活动的服务设施

在山地，规模较大城镇的大型社会性活动场所、公共建筑等应布置在地势较为平坦交通便捷之处，包括较大的商店、文化、娱乐场所、体育活动场、中学、医院、行政管理机构等等。一般山地城镇的上述各种公共服务设施，其规模不宜过大，以免过于集中，服务半径过大而不便使用，这些设施主要是沿城镇内部主要街道或布置在公共交通站附近，并适当成块布置，形成中心、次中心或多中心。布置时应注意：

1）为减少使用中穿越街道，最好是将这些设施布置在街道的一边、一角，形成块状布置。

2）这类公共福利设施服务半径的确定是取决于它的使用频率、使用对象和居民的生活习惯。如为妇女、小孩服务的设施和为身强力壮的青年人服务的设施，其服务半径和布置位置（山顶或山脚）就有显著的差异。对于消防站，因要求消防车在遇到火警后 3min 以内到达，其服务半径就按此要求考虑。

3）由于地形起伏，其服务半径必须考虑居民住所与服务机构之间的坡度和障碍物，如沟谷、坡地、专用场地等；要考虑两点间道路的曲度系数和高程变化程度，所以，其服务半径应按时间来衡量。如供居民定期使用的服务机构应在 15 ～ 20 分钟步行距离内。同时，山地城镇坡度越大，负重步行出行越困难[1]。当坡度小于 5% 的情况下，负重步行出行的困难尚不明显；当坡度在 5% ～ 10% 的情况下，负重步行出行的难度增加；当坡度大于 10% 时，负重步行出行的难度大大增加，因此，位于陡坡上的一些易产生负重出行方式的服务设施，如中小学、医疗卫生、商业服务等设施，尚应再考虑缩小其服务半径。

4）在用地破碎，彼此间有山冈、沟谷台地、坡坎等阻隔，地形高差大，交通不便的地方，为了满足使用要求，在建筑布置时，一般做法：

（1）城镇中心应选择在用地相对平坦完整、交通方便的地方，自然坡度应小于 15%；把相互有联系的建筑布置在联系方便的相近标高上；把公众使用频繁的建筑物布置在靠近人流集中的地区。

（2）当满山、满坡修建时，一般在坡脚和交通方便的地方，多布置人们使用频繁、货运量大或专供老幼妇孺使用的建筑；而山上或交通不方便的地方，布置使用人数不多、货运量较小的建筑。

（3）供大多数居民使用的服务性建筑，多考虑它的服务高差，或将其设置在高差中心，

[1]　《山地城乡规划标准体系研究》项目组．《山地城乡规划标准体系研究》开题报告 [R]．重庆市规划局，2011。

以减少居民上下坡的疲劳，如图 2-25 所示。

5）多采用综合分区综合使用的建筑。为尽量减少山地的交通量，一般都不采用按居住、商业、工业等这一单用途功能分区的方法进行建设，而是多采用综合分区的方法，促使其职住平衡。这样，既可减少城镇的交通量，又能符合日益复杂的城市社会、经济发展的需要。

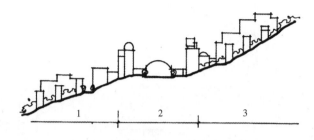

图 2-25　山地城镇"中心"位置示意

1—下城区；2—山地"中心"；3—上城

四、公共活动场所和广场布置

山地常缺乏较大面积的广场和较长的、水平活动的街道，传统的方法如图 2-26 所示，即利用建筑自身或相邻建筑的平屋顶作为露天平台，并将其相互连通，以满足公共活动场地或晒坝的需要。现在，山地城镇随着建筑层数和容积率的增加，现代化城镇生活品质越来越高，无疑需要更多、较大型的这类公共基础设施支撑，为此，可以尝试采用以下几种办法加以实施：

1）依附山体，利用公共建筑屋顶，扩大场地面积，形成"城镇阳台"或广场，如图 2-27、图 2-28 所示。这种方法可以使居民在较陡的用地中有较均衡的公共活动场所。

2）在多层或高层建筑之间，架设桥廊，建设空中平台，为山地居民多创造水平活动的空间和机会，如图 2-29、图 2-30 所示。多层与高层建筑的建设虽然能节约用地，解决城镇居民对生存空间的需求，却无法解决随之而来的社会生活对空间的需求，架设空中平台，不仅可使居民的这种需要能在水平空间中得到满足，而且在交通、商业上可以建成空中步行街，形成一个地面快速通行与空中慢速人行相组合的新型城镇体系。

图 2-26　云南泸西县城子村

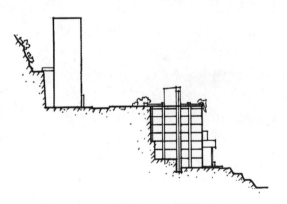

图 2-27　"城镇阳台"或广场示意（一）

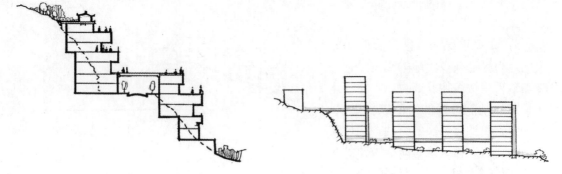

图 2-28　"城镇阳台"或广场示意（二）　　　　图 2-29　供居民水平活动的桥廊示意（一）

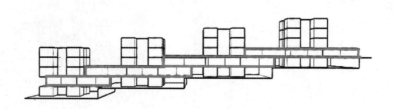

图 2-30　供居民水平活动的桥廊示意（二）

来源：邓蜀阳，许懋彦，张形等编.走在十八梯——2011八校联合
毕业设计作品 [M]. 北京：中国建筑工业出版社，2011。

五、工业区（工厂）布置 [1]

1）为了保证生产和有效地利用
地形，常将厂区纵轴平行等高线布置，
并在厂区内顺应等高线划分成若干条
区带台阶，每条区带台阶上按使用功
能要求，布置相应的建（构）筑物及
设施，如图 2-31 所示。

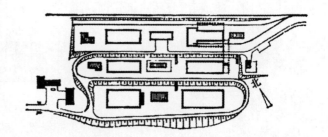

图 2-31　台阶区带式布置的工厂示例

来源：廖祖裔，吴迪慎，雷春浓，李开模.工业建筑总平
面设计 [M]. 北京：中国建筑工业出版社，1984。

厂区台阶宽窄、长度、台阶高
度及条数的确定，应按工厂的性质、
规模、生产工艺特点、流程、运输
和管线布置要求，建（构）筑物的
体量和组合方式、场地地形特征以
及厂外部条件的不同而定。

[1]　参见：廖祖裔，吴迪慎，雷春浓，李开模.工业建筑总平面设计 [M]. 北京：中国建筑工业出版社，1984。

2）对于某些规模较小、生产连续性要求不高或生产运输线可以灵活组织的工厂，若在地形复杂地段，则可依山就势灵活布置，以使其既能满足生产使用功能要求，又能适应和改善场地的自然条件，如图 2-32 所示。

3）对于某些规模较大，部分车间生产连续性要求不高或生产运输线可以灵活组织的工厂，则可根据不同地段地形，采用既有台阶区带式又有自由式的混合布置方式进行布置，如图 2-33 所示。

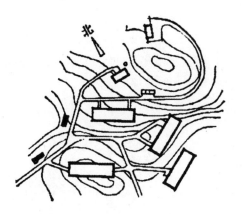

图 2-32　采用自由式布置的工厂

来源：廖祖斋，吴迪慎，雷春浓，李开模.工业建筑总平面设计 [M].北京：中国建筑工业出版社，1984。

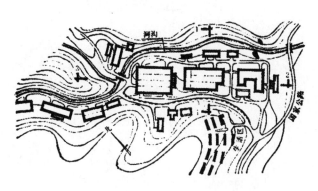

图 2-33　采用台阶区带式与自由式混合布置的工厂示例

来源：廖祖斋，吴迪慎，雷春浓，李开模.工业建筑总平面设计 [M].北京：中国建筑工业出版社，1984。

4）在山坡较陡的地段，可利用地形高差，布置利用自落、自流生产流程运输的工厂，或利用"升华"原理生产的工厂，如有色冶金选矿厂等。这类工厂根据其自流输送生产的特点，紧密结合场地的地形、地势，顺坡集中布置，如图 2-34 ～图 2-36 所示。

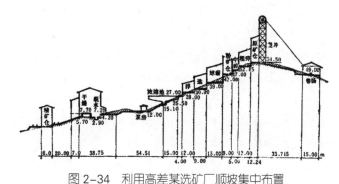

图 2-34　利用高差某选矿厂顺坡集中布置

来源：廖祖斋，吴迪慎，雷春浓，李开模.工业建筑总平面设计 [M].北京：中国建筑工业出版社，1984。

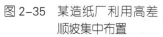

图 2-35　某造纸厂利用高差顺坡集中布置

来源：廖祖斋，吴迪慎，雷春浓，李开模.工业建筑总平面设计 [M].北京：中国建筑工业出版社，1984。

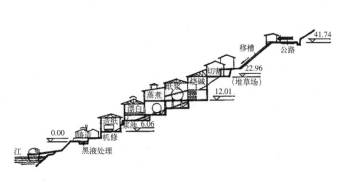

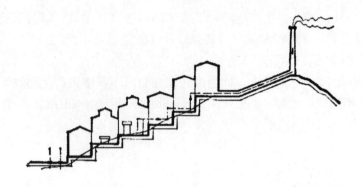

图 2-36　某锑冶炼厂利用高差按"升华"原理顺坡集中布置

来源：廖祖斋，吴迪慎，雷春浓，李开模.工业建筑总平面设计 [M].北京：中国建筑工业出版社，1984。

第五节　总体布局要点

一、使人工系统与自然系统协调和谐

总体布局应充分利用山地特有的自然资源和条件，使人工系统与自然系统协调和谐，形成一个科学、合理、健康和完美的城镇格局。

在这方面主要要把握住以下几点：

1）尊重地形，但要尽可能满足居民的生活需要。重视公建配套及服务设施安排；尽可能多设置吸引居民聚会活动的公共场所，尤其是设置城镇阳台、广场、步行街和室内室外同时具有活动场地的活动中心十分必要。这对于和谐社会的创造，宜居城镇建设的开展，是必不可少的。除按上节方法多设置"城镇阳台"和架设桥廊，建设空中平台外，可似重庆洪崖洞依山就势，建立临水或临空的开敞式的垂直步行街的方法为居民创造更多的活动场地，如图 2-37、图 2-38 所示。

图 2-37　重庆洪崖洞垂直步行街

图 2-38　重庆洪崖洞垂直步行街外景

来源：邓蜀阳，许懋彦，张彤等编.走在十八梯——2011 八校联合毕业设计作品 [M].北京：中国建筑工业出版社，2011。

2）应根据用地的地质与地貌条件，结合功能需求，对用地的坡度、朝向、地质承载力（地质分区）、土壤渗透性、物种多样性以及景观等生态因子进行分析，在此基础上经叠合、加权得出土地利用和建筑适建度情况，而后进行规划布局与布置，并作为用地规划与布局的主要依据。

（1）合理地对土地的开发强度进行分区：用地坡度越陡开发强度越低，公交或汽车交通可达性越小的地方开发强度越低，严格控制距车道 500m 以外的土地开发。

（2）根据地质条件和地形坡度来决定建筑的层数，一般适宜于中等强度开发，容积率控制在 2～3 之间，建筑密度应小于 40%。

此外，坡地开发，应重视其分期开发的时序。特别是在较陡坡上的开发，需要注意施工时第二期工程对一期（已建成区）的影响。

3）使人工环境与自然环境相互呼应。如图 2-39、图 2-40 所示，为桂林小东江区总体设计，设计中充分重视人工环境与自然环境的联系与呼应：一是建筑面向周边优美环境组织开放空间，二是组织视廊使主要街道与空间轴线与自然环境中的主要景物相应对。

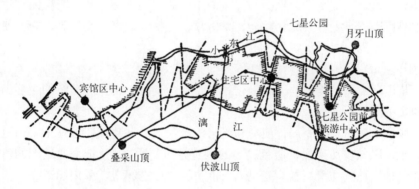

图 2-39　桂林小东江区总体设计（人工环境与自然环境关系图）

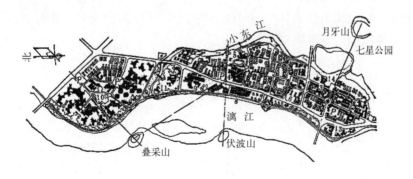

图 2-40　桂林小东江区总体设计（总平面图）

4）局部改造和利用用地内的特殊地形（包括冲沟、洼地、台地、高地等）。

（1）对较大的冲沟常作弃土场填平，布置街心花园和小游园，也可作公共广场。

（2）对于坡度较缓，深度较浅的冲沟，可在略加整理后，用来布置建筑和街路，冲沟底部绿化。

（3）利用自然坡度或高差，修建体育场；利用特殊的高地布置纪念性建（构）筑物等等，充分反映地形的魅力。

（4）对于要填平作为绿化的洼地和冲沟，应注意地形的特点和修建次序，切实解决好排水问题，施工应从上而下有计划地进行，适当修筑防止冲刷的构筑物，并根据排水量修筑排水渠或排水管。

二、使城镇和各组团功能布局完善，职住平衡，各具特色

1）在利用当地特有的地形地貌，充分尊重和发扬当地生活传统的条件下，尽力塑造城镇不同的特点，培育有个性的城镇，并使每组团各具特色。除按一般原则对城镇用地进行适当功能分区外，山地应使其各组团内功能完善；尽可能地采用混合型布置，考虑采用综合的多功能建筑，以使生产、生活与工作基本上能就地平衡，减少跨组团交通出行。对于城镇次中心应进一步完善其配套功能，如医疗、卫生、教育、文体等设施，使居民生活需要能在出行一定范围内得到解决。

2）由于地形的高差，必须考虑城区功能的垂直划分，一般分为三层：

一层，是山脚或风景优美的河湖地带，道路交通便捷，常作为城镇的主要街道，公共服务设施的集中地段。

同时，应结合城镇总体布局，使交通量大的区段或公共建筑布置在主要街道边和高差相近的地段上，以减少交通量，避免过多的垂直方向交通；避免把交通量大的建筑或高层建筑布置在坡地街路的交叉口或弯道处；上下主要道路之间常需采用梯道联系，并形成步行体系的主要构架。

二层，是山坡中间地带，多布置居住区。

三层，上坡地段或山冈地带，多布置公用建筑及其他如学校等的事业机构。

3）利用城镇外围不同的地形条件，可创造出山地城镇不同的空间效果，如利用城镇周围清晰的山体轮廓作为背景和空间定向的视觉参照物；借山为景，充分利用山体起到暗示城镇空间的界域作用等等（详见第五章）。

4）最大限度地绿化和美化环境。

三、注意各块用地的通达性，建立"绿色交通"网络

1）建立各区块之间的相互联系，如前所述，出入口的数量应根据每区块的规模确定，但最少不应少于2个出入口，使其成为一个有机的联结体，并依此建立各区块内部的街路体系。

2）山地由于公共活动场地有限，居住区内部的街路空间，常常既是交通性空间，又是居民生活空间的延续与补充，应考虑人在街路上交往与商贸的要求，适当地人车分流。要认真考虑街路的走向及街路的景观效应，并使街坊内部的建筑主朝向为南、东南或西南

向。在条件限制下当主朝向必须结合当地的地形和景观条件时，主朝向也可面北，如面湖或面空，争取视野广阔，景色优美。

3）建立"绿色交通"。[1] 依托城镇内重要的步行区域、生态公园和旅游景点，依山就势打造城镇区步行系统，形成山城特有的山、水、城、田，集通行、旅游、休闲、健身等多种功能于一体的步行空间，丰富人们的出行方式，建立"绿色交通"网络。这种步行系统常由步行通廊、步行街区和步行单元三个层次组成。

（1）步行通廊：是指在一定区域内长距离的，有较强连续性的，以独立的步行通道或步行区域为主体的，贯通步行时间不小于 1h 的步行系统。

（2）步行街区：多指以商业步行为中心的城镇商业街区。

（3）步行单元：主要指有多种交通方式聚集、高峰小时有较强人流量的、以满足交通性步行需要为主体的步行区域。步行单元主要在交通换乘枢纽等区域。

四、给水、排水条件对布局有很大关系

1）城镇用地不应距水源过高、过远，避免增加抽水和输水总管的造价，减少管理费用。一般说当用地高差在 60m 以上时，要设 2 个或多个给水区并设置系列抽水泵站或水塔。所以城镇的选址或在现有用地沿坡向上发展时，应注意其标高，考虑给水设施的供应能力。同时城镇的高地，也往往限制建筑层数（自增水压的建筑例外），以保证其给水的经济性。

2）山高水高，两山夹一嘴，必然有大水；山扭头有水流；青山（石灰石）压砂岩，必然有大泉……在湖、池、江河、溪流的附近，特别是两河的交汇处或河流拐弯的地方，也常能找到丰富的地下水源。用地布局中应充分掌握这些水资源的情况，并考虑多水源的利用，它能使城镇布局更加灵活。

3）从排水角度讲，有时城镇用地的分区与分期建设，要结合场地的排水分区考虑，如图 2-41 所示。第一方案，第一期建设位于两个地面排水区，它的西部位于高标高的地区，因此，第一期工程就不得不修建污水抽水站和二次加压的给水泵站；而第二方案，只需在第三期才需要修建这些建筑物，显然是经济合理的。

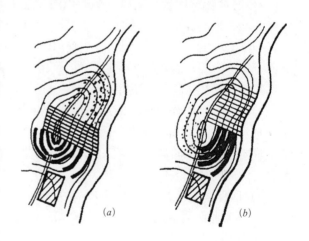

图 2-41　山地建设与排水分区关系
(a) 方案（一）；(b) 方案（二）

4）山地城镇布局时，关于供水、排水分区要考虑以下几点：

（1）从流域的分布情况和技术经济条件等因素，根据用地的地形和面积划分排水区，因地制宜地布置污水处理设施。地形变化较显著时，排水区可按分水线划分，每个区排水

[1]　傅彦. 交通稳静化在重庆主城区交通规划中的应用 [J] 山地城乡规划，2011 (2)。

系统自成体系，有独立的污水处理厂和出口渠。地形变化不显著时，可以采用集中排放，也可以根据地形采用分散与集中结合的方式，以便采用中小型污水处理设施，并便于污水在农业上的利用。

（2）地形高差很大的城镇，为了既满足地势较高的地区的水压要求，又避免地势较低地区的水压过大的情况时，应结合地形，采用高地、低地两个供水分区系统。同时，在山地了解洪水历史情况及高地雨水对城镇的影响，十分重要。过去防治山洪多采用修建截洪沟的办法，但这种办法占用土地多，在无雨期间往往绝大部分截洪沟都成为干沟或被泥沙淹没，需要经常养护。积极的办法是利用原有的排水沟谷结合调节径流，利用道路和洼地作临时排洪设施。

五、根据地方气流特点处理工业区与居住区的关系

1）如前所述，在山地沟谷地带，气流的特点是沿沟谷流动，山谷风是气流在小范围内，昼夜有规律的变换形成的稳定的局地环流，在山谷风占优势的地区，可视之为盛行风向。工业区或工厂若有毒气、烟尘产生，因受山谷风影响易沿沟谷扩散，所以要尽量避免将产生有害气体的工业区或工厂与居住用地布置在同一山谷中，以免危害居民。居住用地宜处于山风风向的上风，当处于下风侧时，应尽量加大卫生防护距离。

同样，在山地与平坝交接地带，若将有污染的工厂布置于平坝，居住用地靠山、上山，且住宅区相对高度与工厂排气高度相当时，在山谷风的吹拂下，位于坡地的居民极易受害。

2）通常在纵坡较小通风不畅的山沟和洼地，特别是在冬季，静风持续时间很长时，空气混浊。此地若接近有污染的工厂或仓库时，极易发生严重的中毒事故。

3）山间小盆地地形封闭，全年静风时间长，静风时则无所谓上风、下风之分，各方位都可能被污染，而且易产生逆温层，不利于有害气体的扩散，因而居住区与有污染的工厂区不宜布置在一起。若不得不布置在一起时，应加强防护措施，加大防护距离。

4）在海滨、湖滨地区，要注意水陆风的影响，其特点是白天风一般由水面吹向陆地，晚上则反之，形成局部环流。因而，居民区与工厂区或工厂宜沿水域岸线接近平行布置，避免或减轻由"水陆风"带来工厂废气的污染。另外这类地区有时也有"雨向"较明显的地区，还应使居民区位于"雨向"的上侧。

5）认真处理好工业区内部的环境关系

（1）工业区要有良好的自然通风条件。排放有害气体的工厂要布置在有良好的自然通风条件的地区，如无适当的防护措施，则下列地区不应布置工厂：

· 山谷走向与污染主要风向接近垂直，且谷长大于250m，有山坡阻挡，自然通风较差的地区，如图2-42所示。

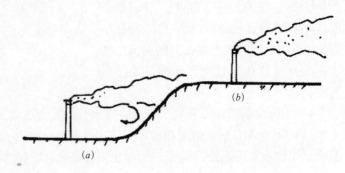

图2-42　烟囱在山地的布置

(a) 位于坡下不利排烟；(b) 位于高地有利排烟

• 靠山面水（海、湖），水陆风较稳定地区的高山和大型水域之间的靠山地段，由于局部地区气流对污染物叠加作用，往往造成较大的污染浓度；

• 全年静风频率超过 40%，或每天持续 10h 以上，辐射逆温天数超过 150 天的地区，即大气扩散稀释能力弱的地区。

（2）注意处理好工厂与工厂之间的关系。在工业区内不同性质的工厂（车间），其排出污染物的性质和数量是不同的，有的本身对环境质量还有较高的要求，所以布置时应按各工厂的生产特性分别处理，如热车间和排放有害气体、粉尘的车间，宜布置在非采暖季节主导风向下风侧的工厂区的边缘地带，并减少迎风面的遮挡影响。如迎风面有遮挡物时，这类车间与遮挡物的距离一般不小于遮挡物高度的 3 倍。

自然通风以穿堂风为主时，工业区或车间内的热源和污染源宜布置于车间的背风面。如当地非采暖季节主导风向与夏季白天的主导风向相差大于 45°时，自然通风以穿堂风为主的热车间的轴线宜与夏季白天主导风向接近垂直；在山区宜与"谷风"或"上坡风"接近垂直；在水陆毗邻地区，宜与"水陆风"接近垂直。

6）居住区与工业区或工厂（特别是有污染的工厂）一起布置时，应按气流的特点来处理好它们之间的相互关系，设置好防护隔离带，保证居住区有健康、安全的环境，不致造成污染，甚至造成叠加污染。

（1）居住区应位于工业区或工厂（车间）上风，并宜处于地势较高的迎风良好的地段。排放毒废气的工厂应位于其他一般工厂的下风侧。

（2）在山地自然变化不一样的条件下，一般应考虑下列三种情况：

• 居住区靠山面向工业区或工厂平行于盛行风向布置时，为了减少烟尘在居住区的沉降量，应加大卫生防护距离，如图 2-43 所示。

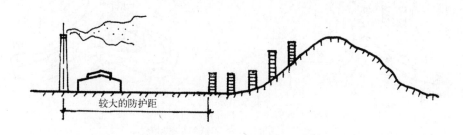

图 2-43　居住区靠山面向工业区或工厂平行于盛行风向布置

• 居住区靠山背工业区或工厂时，如由居住区吹向工业区或工厂的风，其频率大于由工业区或工厂吹向居住区的风时，因涡流持续时间短，可设较小的防护距离，但交通联系不便；若反之，则应加大防护距离，避开涡流区，但用地不经济，交通联系也不便，如图 2-44 所示。

• 山地地形和气流的影响，往往会使烟尘不规则地扩散，如果沟谷走向是垂直或接近于垂直地理上的主导风向时，烟尘将会在迎风的一侧密集，这与理论上的主导风向防护距离相矛盾，烟尘实际扩散范围与理论上不一致。图 2-45 所示就是两例。

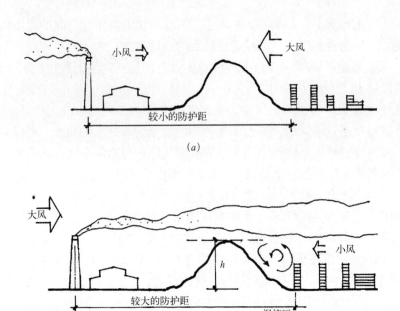

图 2-44　居住区靠山背工业区或工厂时防护距的设置

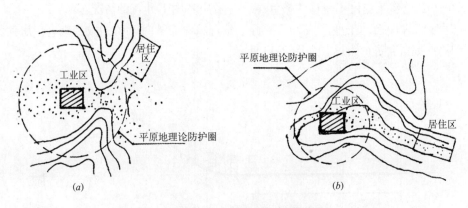

图 2-45　不同地形条件下烟气扩散情况

(a) 工厂位于垭口附近；(b) 工厂位于沟谷附近

　　所以，在确定卫生防护范围和方向时，对于地形条件及地方风必须深入调查研究，因地制宜。否则，结果将会适得其反，反而把原来卫生条件好的地段，错划为隔离带，而真正需要防护的地区，却得不到防护改善，使居民受害，同时也不能合理地使用土地。

　　此外，利用河流、湖泊、山丘、沟谷等自然地形地貌时，将工业区与居住区隔开，并配置一定的林木，具有一定的防护效果，但交通联系不便，如图 2-46 所示。

　　(3) 工业区，特别是排放有害气体的工厂，不应配置在污染主要风向的平行线上，以避免工厂废气造成大气污染的叠加。可以使产生有害气体的工厂并排布置，但其连线要尽量与主要风向垂直。重复污染区如图 2-47 所示方法确定，废气水平扩散角度一般取最大值为 50°。

（4）产生二氧化硫或氟化氢等的车间与产生蒸汽、雾或粉尘等的车间不宜邻近布置，且不宜使这两类车间处于与非采暖季节主导风向一致的同一条线上，以免因协同作用，重复污染，增加危害性。如二氧化硫遇水蒸气会生成硫酸，危害性远比二氧化硫大。

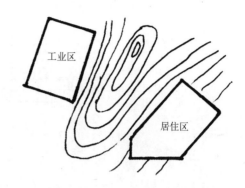

图 2-46 利用山体防护隔离示意

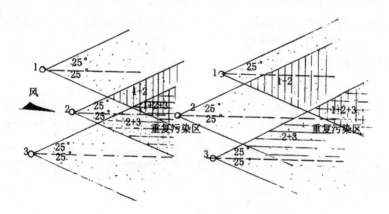

图 2-47 重复污染区情况示意

六、充分利用地形，地上与地下结合

在平地，人们习惯于采用围的手法来建造空间，但在山地，可采用"围"与"挖"结合的方法向地下要空间，如图 2-48、图 2-49 所示。充分利用有利地形，合理利用地下空间，既可以改善地面的空间环境，又可以减少土石方工程量；可以有效地组织城镇居民活动，解决山地地面建设用地的不足；避免或减少由于城镇完全"地面化"而造成城镇臃肿，活动效率低，市政工程管网系统复杂等弊病，地下空间在山地城镇中更能体现出它的优点。

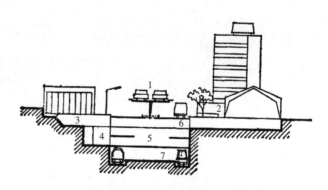

图 2-48 利用凹地构筑明挖式地下建筑

1—高架车道；2—地面转换站；3—地下空间出入口；4—地下人行通廊；5—地下商场；6—覆盖层；7—地下轻轨

利用地下空间、半地下空间和掩土建筑，作为地下汽车库或停车场、仓库、工程运输

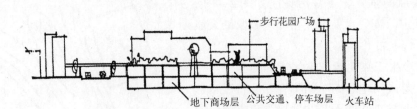

图 2-49　利用地形高差构筑地下建筑

等辅助设施用房、部分日常使用的文化生活服务设施、公共服务设施（如影视场、活动室、杂货店、公共厕所等），和工程设备用房（构筑物）、管线廊道等是完全可行的。

合理的地下空间利用，决定于建设地段的地面情况、使用要求，也决定于建设地段的地形和地质条件。其利用方式是多种多样的，如图 2-50 所示。也可以根据需要同时采用几种形式混合，以高度发挥包括地上和地下在内的土地效益。

图 2-50 (c)、(d)、(e) 中的地下空间的出入口都可以利用地形高差采用水平出入；图 (c)、(d) 中开挖出来的岩石可作为建筑材料综合利用。

此外，在城镇的中心地段，为缓解地面交通的矛盾（包括用地紧张及人车矛盾），在条件允许情况下也可修建地下交通网络或将基础设施转移到地下，以开放地下空间；或在局部地段，建立地下步行街和步行系统，以联系各地下商场、地下娱乐场、下沉式广场等，如图 2-51、图 2-52 所示。

单个较大面积和多层地下空间的开发，会影响该地段地面水汽的蒸发和地面水的渗透，改变地下水位和水流方向，从而影响地块的生态环境，这一点应引起重视。

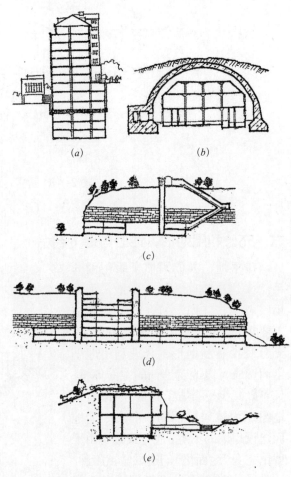

图 2-50　各种类型地下建筑

(a) 结合地面建筑修建单层或多层地下建筑；(b) 明整覆盖式地下建筑；(c) 暗挖式的单层或多层地下建筑；(d) 明挖、暗挖相结合的单层或多层地下建筑；(e) 掩土建筑

七、山地城镇边缘区（带）建设

1）山地城镇边缘地带的"边缘效应"十分明显。一方面，城郊森林的保护与培育，可以形成城镇的绿色屏障；环境的治理和保护，可以保证城镇的安全；农业生产的生态化可以为城镇提供优质、新鲜的农产品；生态景观的开发，可以为山地城镇提供特殊的游憩和教育场所。另一方面，城镇边缘地带是山地城镇生态化建设的重要支持区，统一规划与建设，能充分发挥其"边缘效应"，使城乡一体化发展成为可能，并最终实现城镇生态化的目标。

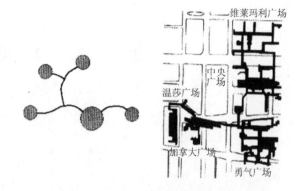

图 2-51　地下步行系统示意及蒙特利尔地下城步行系统平面

2）大面积的农田、自然景观，与城镇相互渗透，成为城镇景观的绿色基质。这不但实现了保护高产农田的可持续发展的重大战略，而且山、水、城、田互为一体，使城镇成为真正的"无边界化"的田园城镇。

3）由于山地城镇边缘地区自然生态敏感性很强，所以它也是制约城镇建设的因素。应在发挥其生态职能的前提下，对这一区域的物种多样性、特殊价值、

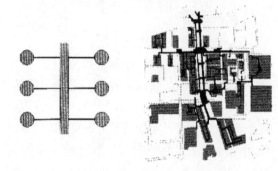

图 2-52　地下步行系统示意及东京地下城步行系统平面

来源：赵景伟，宋敏，付厚利.城市三维空间的整合研究 [J].地下空间与工程学报，2011（12）。

自然灾害等进行研究和评价，并采取相应的必要措施，包括：划定严格的后退建设红线，建立和维护整体连贯的自然开敞空间，塑造城镇外缘景观和挖掘潜在的环境增值效益，优化土地利用并创造综合生态效益，以充分发挥其"边缘效应"的潜力。

4）任何一个山地城镇或组团，都是区域山水基质上的一个斑块。因此，在规划建设或扩展过程中，要维护区域山水的大格局和大地机体的连续性及完整性，维护整体连贯的自然开敞空间。自然过程的连续性，是维护山地城镇生态安全的一大关键，应该在自然生态环境、人工环境之间有意识地建立廊道和休息地，结合城镇内部开敞空间、公园路及相关的"绿道"和"蓝道"网络的设计，使之互相渗透，建立良好的景观连接度，从而为城镇提供真正有效的"氧气库"和舒适、健康的外部休憩空间。要避免该地区景观资源被独占的情况，使山景、水景、绿景真正融入城镇。

5）对于在自然生态系统中具有重要作用，容易生态失衡的敏感（边缘）地区，应该严格控制，这些特定的环境保护区，应作为永久保护地严禁开发建设，有时甚至不允许任何人类活动介入，以充分发挥其生态效益，维护城镇生态平衡，涵养城镇环境，促进可持续发展。

第三章　街路交通组织

第一节　特点与区别

街路是城镇的骨架与动脉，也是山地城镇实现总体布局的先决条件，它具有绝对的主导地位及多样化的自然特质，就像一个人的脊梁一样支撑着城镇，并与环境整体结合起来。

一、骨架自然

1. 街路立体化，选线不能任意

山地城镇街路布置的最大特点是：地形使街路的定线和布局受到制约，造成街路立体化，其布置多从自然因素考虑，选线不能任意。街路布置随山就势，主要街路多顺等高线布置；线形多弯曲蜿蜒，以尽量减少土石方和工程量。由此也使城镇和街坊的形态，呈不规则形，结构无一定的格局；街路网由不规整的环式、半环式或枝状等多种形式组合，并结合垂直等高线方向的主要步行梯道等构成整体交通网络，没有一定的纵横轴线和走向，如图3-1、图3-2所示。

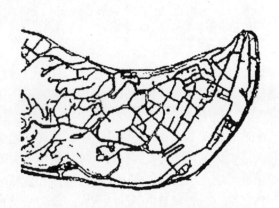

图 3-1　重庆市市中区街路网结构　　　　　　　　图 3-2　不规整的街路组织示例

2. 步车结合，多种交通工具结合

山地凹凸的地形和沟谷、悬崖、陡壁等，常成为常规交通的障碍。自行车适宜于在坡度小于2%的街路上行驶。在山地，自行车只能沿等高线街路行驶，上、下坡相当困难，因此自行车很少。

1）居民出行多以步行和公交为主。调查表明：在无特殊升降交通工具情况下，步行上、下坡因受到体能的制约,复杂的地形条件会使居民尽量减少不必要的出行活动。据苏联有关资料指出:山城居民出行与平原城镇相比,地形坡度为 10% 时减少一半,地形坡度为 20% 时减少 4/5,地形坡度为 30% 时减少 6/7。日常性服务机构的步行范围要比平地缩小 1/3 ~ 3/4。

2)当坡度大于 15%,或地形高差较大时,应考虑采用升降式交通工具。在大型公共建筑以及火车站、码头等人流集中、流量稳定的地方,最好设置自动扶梯(坡度大于 15% 时,设上行自动扶梯;坡度大于 25% 时,还应加设下行自动扶梯);在交通主干道与客流量集中的地段,可增设缆车或架空索道。

3. 街路网密度较高,街路面积多

山地城镇街路网布置多不均衡,断面宽窄不一。由于地形的限制和用地处于不同标高上,为满足交通需要,一般常提高路网密度和增加街路面积。加宽街路常是不合适的,按地形高差不同布置复线街路,不仅可以节约工程造价,还可以根据使用的缓急分期建设。

二、路型复杂

1)一般街路坡度大,弯道多,路幅较窄,线型曲折,常出现 S 形、螺旋形爬山道,以及各种各样的尽端路,如图 3-3 所示。

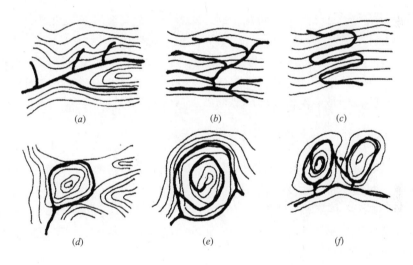

图 3-3 各种常见的山地平面路形

(a)(b) 枝状尽端;(c)"之"字形;(d)(e)(f) 环形螺旋式

(1)用地坡度较大的地段,人行道、绿化带与车行道常在不同平面上。为减少土石方工程量和工程设施,在交通量少的地段可采用单车道。

(2)弯道多、起伏大,使街路与建筑形成错落有致,多层次、多对景的丰富空间形态,可识别性强,如图 3-4 所示。

(3)"山重水复疑无路,柳暗花明又一村"这一千古名句,是对山地城镇街路"通"

与"阻"的一种最好描写，是山地城镇街路的又一特点，它构成城镇空间一闭一开、欲暗又明的空间变换情景，又使空间具有良好的诱导、隐蔽、渐进而有序组织的可能，还使悠长的街路变成一段段互相连通而又互相分隔的不同的空间，与人的尺度相适应。"通"可使人感到舒畅、延伸；"阻"则使人感到目标消失，眼前为其他景物所替代，产生期待感，有时虽然实际距离很近，但由于街路曲折受"阻"，幽则见深，虽咫尺之地，却

图3-4 街路弯道与建筑

能气象万千。"通"与"阻"的结合，还使每段街路都具有自身的特定空间形态，人们可以随时判断自己所在的空间位置，这与平地直线街路畅通有余而变化不足，显得单调乏味的情景相比，会更富有人情味。

(4) 半边街路是山地城镇特有的空间形态。街路的一边由建筑加以限定，另一边由石砌围栏和跌落的堡坎或斜坡加以限定。

2) 畸形交叉路口多。交叉口的形状极不规则，相交的街道数量较多，且彼此之间交角小，甚至出现几条街路几乎是从一个方向交会到一处等等，给交叉口的交通组织造成了极大的困难，在规划中应尽量避免。

3) 桥涵多。在地形复杂地区，为满足街路的通行要求，缩短长度，方便通行，线路上常需要修建各种水、旱桥涵，甚至隧道。局部地段需要较大的开挖填方而出现不同类型的护坡、挡土墙、护栏等工程构筑物等。

三、影响城镇景观 [1]

1) 山地城镇的街路是组织和反映城镇景观的骨架和重要场所。人们在途中获得的视景比平地显著，而且不断发生变化。

2) 山地城镇街路本身也是城镇景观的重要组成部分，自由的格局，曲线与直线的组合使街路本身具有舒缓感和柔和美。不同性质的街路其交通特征、位置及宽度不同，它所赋予的景观体验也不一样。

第二节 街路网形式

一、平坡式

多用于平缓坡地，地形坡度在10%以下，基本上属于平原城镇型街路。

---

[1] 加拿大沃德城市设计公司，湖南城市学院规划建筑设计研究院编制.五洲建筑主题园 [R].云南省蒙自市规划局。

二、环道式

主要街路沿等高线布置，形成闭合或不闭合的环状。根据地形不同情况，环道式有单环、套环、连环等多种形式。它的特点是交通方便畅通，利于分区，利于敷设环形工程技术管线和分期建设；但线路较长。易使无关车辆穿越。多适用于丘陵地区或有利于构成环状交通的地形，如图3-5所示。

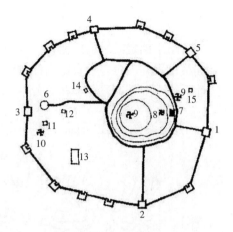

图3-5　中甸老城

1—东门；2—南门；3—西门；4—北门；5—小东门；6—县政府；7—井泉；8—龙王庙；9—经堂；10—观音阁；11—关帝庙；12—灵官庙；13—文庙；14—丽江会馆；15—鹤庆会

三、平行加"之"字形

适用于高差较大的斜坡地带。主要街路沿等高线布置，次要街路采用斜道或"之"字形道以连通上下街路，满足车行要求。同时，在上下主要街路之间常设置步行梯道，以方便人行，这种形式应注意斜道或"之"字形道所占用的面积，并出现不规整的用地地块，不利于建筑布置。

四、枝状尽端式

常用于街区内部交道量少的零碎地段或沿山脊、山谷较平缓小块地段。枝状尽端式道路不宜过长（不宜超过120m），采用单车道时在适当地段应设置错车场，其端头应有不小于12m×12m的回车场，如图3-6所示。

五、混合式

是上述各种形式的综合体，在较大的组团或城镇中采用，如图3-7所示。

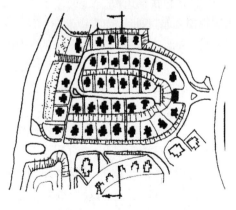

图3-6　青岛某住宅区

图3-7　大理市"苍洱映像"

来源：大理市设计院刘波设计。

第三节　街路与等高线关系

街路平面定线时，应密切与竖向标高相结合，在等高线密集处切忌街路的中心线垂直等高线设置，而应与垂直等高线成锐角设置，这样才能节约土石方工程量，也有利于街路边建筑的布置。街路与等高线关系有以下几种：

一、街路沿等高线布置（图3-8）

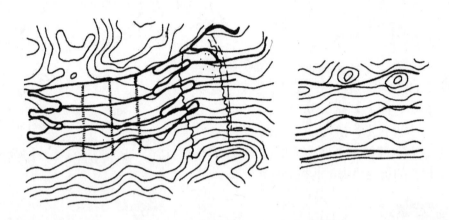

图3-8　街路平行等高线布置示意

1）一般沿等高线布置的街路，线形平顺，土石方工程量少，地块划分完整，但布置时要考虑垂直等高线方向的交通。解决的方法是：

（1）街道轴线与等高线成较小的角度，使上、下两条街道的一端的高差适当减小，再用缓坡的街路相连，这样也使街路的排水通畅。

（2）在街道的两端采用"之"字形道路连接。

（3）在地形变化处坡度较缓的地方相连，或修建斜交的联系道路。

2）街路沿等高线布置，由于各街路所在山体的标高位置不同，尚有以下区别：

（1）山脊线。即街路位于山体的顶部或接近顶部。一般应避开脊线偏于冈的一侧，以减少街路的过多起伏。山脊线的特点是：边坡缓，土石方工程量较少，跨河沟的机会不多，塌方少。但由于山脊起伏，高低不一，形成线形起伏弯曲较多，与山体下部路线联系不容易，常需要盘绕展线，拉长路线，绿化工作较困难。

（2）山脚线。即街路沿山脚布置，方向大致与溪河平行，其特点是：路线地势较低，弯曲少，但常跨河谷，桥涵工程量较大。

（3）山坡线。若用地选择在等高线曲折多的山坡上时，则线路的弯道多，为避免街路有过多的转折，给交通和场地布置带来不便，常采用旱桥和适当的裁弯取直手法进行处理。

二、街路斜交或垂直等高线布置

斜交或垂直等高线布置的街路，因为坡度较陡，所以常作次要街路使用，如图 3-9 所示。

一般情况是：

（1）当地形坡度在 10% 以下时，垂直或基本上垂直等高线布置。

（2）当地形坡度在 10% ~ 15% 时，常采用斜交等高线布置。此时，应尽量使被街路所划分的地块较为方正。

（3）当坡度大于 15% 时，则采用盘山道或"之"字形道。这种街路的缺点是地块划分不够完整，街路占地面积多。其布

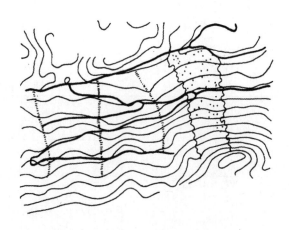

图 3-9　街路斜交和垂直等高线布置示例

置的经验是：每段斜路尽量延长，以减少回头曲线的数量，增加街路的通行能力。在允许的范围内，尽可能加大纵坡，以便缩短街路长度，并争取较宽的建筑用地。回头曲线与交叉口的位置应选择在地形较为平坦的地方，以减少土石方工程量。

当坡度大于 15%，采用 S 形或"回"字形街路时，除满足行车的纵坡与转弯半径要求外，还应注意街路的视线问题，在山坡的任何一部分布置建筑、小品与绿化时要不影响街路口的通视。同时路线的纵坡变化不宜频繁，变坡点的选择应尽量安排在视距变化点处，这种地点通常应较宽，易于错车。

三、谷道

谷道也是城镇街路垂直等高线布置的一种特有的形态。当街路位于谷部时，常结合山谷的大小、宽窄、坡度和方向等问题进行处理。

1）当山谷较平缓时，主街道服从于山谷的走向，并使邻近地块的地表水流向主街道。

2）当山谷较深时，山谷底部常用作绿地或排水渠，街道多布置在谷线的两边。经验表明，主街路沿谷布置具有下列优点：

（1）减少修筑街路和敷设污水排泄管的土方工程，不需要将污水管埋得很深。

（2）改善相邻街坊和街道的地表水排泄。

（3）街路两边的建筑物的位置比街路高，为创造良好的建筑艺术提供可能。

四、穿山道

即隧道（或布置地下街），也是沿垂直等高线布置的一种特殊形态，一般较少采用。

五、梯道、人行坡道与自行车道

高差较大的街路之间，常采用人行道坡道或梯道垂直联系，以缩短其步行距。

1）梯道。坡度在 15% 以上时宜采用梯道（过陡的坡道行走吃力且不安全）。人行梯

道按其功能和规模可分为三级：一级梯道为交通枢纽地段的梯道和城镇景观性梯道；二级梯道为连接小区步行交通的梯道；三级梯道为连接组团内部步行或住户的梯道。各级梯道规划指标宜符合表 3-1 的规定。台阶的中间或边部可增设坡道，以便推行自行车、童车等。

各级梯道规划指标   表3-1

级别	宽度（m）	坡比值	休息平台（m）
一	≥10.0	≤0.25	≥2.0
二	4.0～10.0	≤0.30	≥1.5
三	1.5～4.0	≤0.35	≥1.5

来源：四川省城乡规划设计研究院.CJJ83-99城市用地竖向规划规范[S].北京：中国建筑工业出版社，1990。

2）人行坡道坡度最大为 10%，一般不超过 5%，但路面应比较粗糙，以起到防滑作用，并需考虑能防止雨水冲刷。

3）自行车道坡度最好为 2%。采用 3% 时，其坡长不宜超过 300m；最大纵坡为 5% 时，坡长不宜超过 100m。

4）梯道、坡道应作好横向排水，横坡不宜小于 1%。

5）梯道的宽度及长度应根据使用要求确定。交通性梯道要求行走方便、舒适。

6）踏步高度一般为 100 ~ 150mm；踏步宽度一般不小于 300mm，随着梯道面宽或踏步数的增加应相应地适当加宽。踏步的步数宜不小于 3 步，否则易造成行人疏忽而跌倒。

第四节　街路网规划

一、街路网布置要求

山地城镇的街路不仅具有交通性，而且具有生活服务性和观赏性。由于山地自然地形多变化，高差大，崖坎及陡坎较多，可达性差。因此，街路规划建设要特别顾及交通、地形与工程关系，应详细地研究分析其利弊条件，很好地利用和处理各种关系。要求做到：

1）规划设计必须因地制宜地在安全、方便、通畅的原则下，满足综合交通、建筑艺术、日照通风、管网布置等方面需要，按不同地区的气候特征合理布局。

2）线路应尽可能简单、清晰。

3）节能、节地、节省投资，合理确定主、次街路的断面形式和宽度，节约土石方量。

4）满足地面排水、建筑布置、管线埋设等技术要求。

5）保护环境，使主要街路成为观赏城镇景观的重要场所。

二、街路网布置要点

1）山地城镇对外联系困难，规划应按城镇规模、性质尽可能增加对外出入口的数量。城镇和每个组团要有 2 个以上的不同方向的出入口，抗震设防 7 度以上的城镇每个方向应不少于 2 个出入口。带状组团（长度超过 3km）之间宜用快速道连接。入口的数量不能增加时，应限制城镇和组团规模。

2）街路网规划应根据不同的地形和现状条件及用地性质，设计适宜的线形、断面及景观环境，并充分注意街路网的整体性，避免衔接不良，尽量减少与沟谷交叉；同时街路的宽度不宜过大，全路上的横断面也不必强求一致，应因地制宜，灵活处理。

3）街路网常采用"大自由、小规整"的布置方式，如图 3-10 ～图 3-12 所示。主干道沿等高线布置，或选择在地形较平坦的地段；次干道可选择在坡度较大的地段，采用垂直或斜交等高线布置，并注意其均衡和适当加密；街路的等级，可按用地面积的多少决定；应大力发展公交，强化公共交通及相应的站场设施和地下、地上停车场地布置。适应各种局部地形的街路组织，如图 3-13、图 3-14 所示。

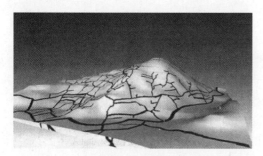

图 3-10　城镇街路网布置示例（一）

来源：毛刚.西南高海拔山区聚落与建筑 [M].南京：东南大学出版社，2003。

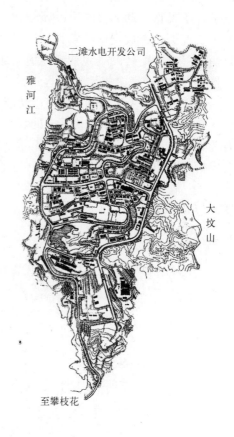

二滩水电开发公司

雅砻江

大坟山

至攀枝花

图 3-12　四川省盐边县新县城

来源：毛刚.西南高海拔山区聚落与建筑 [M].南京：东南大学出版社，2003。

图 3-11　城镇街路网布置示例（二）

来源：毛刚.西南高海拔山区聚落与建筑 [M].南京：东南大学出版社，2003。

4）山地，一般组团规模较小，用地功能混合度较高，居民出行距离短，出行方式考虑以步行、电动车、摩托车为主；小汽车、公共交通在组团内使用率较低，较长距离出行应以公共交通为主，线路宜长。

5）主街路往往是山地城镇内聚的会聚中心，因此，它多布置在出入方便、坡度较缓的山脚，平行于等高线布置。垂直等高线方向布置难度大，但也可采用大的梯道步行商业街方式布置。

6）城镇街路的布置应考虑与周围山体、水体的相应关系，使环境气脉通顺，街路的各种对景、借景具有严格的逻辑关系。如图 3-15 所示，因地形等因素出现主要街路在走向上的局部偏离弯曲，从某种意义上讲，是气脉生动活泼的进一步强化，避免了长直街路造成空间的单调感，呈现曲折变幻、峰回路转的景观效果，街路轴线对景为伏波山，使之相互呼应。

7）街路网的布置除满足交通功能外，应尽量考虑其街路所围地块形态的规整性，要为建筑的布置创造良好的条件；同时应考虑街路两边建筑的布置和管道布置的技术要求，满足地面排水的要求，如图 3-16、图 3-17 所示。

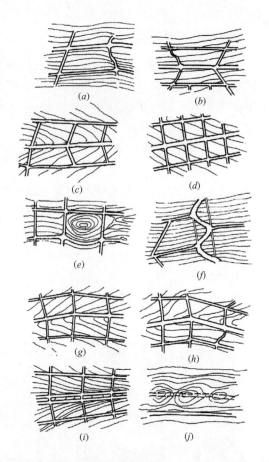

图 3-13　适应各种地形条件下的街路网组织示例

（a）街路与等高线平行；（b）街路与等高线成一较小角度；（c）主街路与分水线相一致；（d）主街路与等高线成一较大角度；（e）街路绕过山堡；（f）陡坡条件下的锯齿形街路；（g）（h）主街路与谷道方向一致；（i）双街路中间（谷道深部）设置绿化或排水渠；（j）山冈地形条件下街路宜从山脊旁通过

图 3-14　街路网应结合地形示例

来源：加拿大沃德城市设计公司，湖南城市学院规划建筑设计研究院编制.五洲建筑主题园 [R].云南省蒙自市规划局。

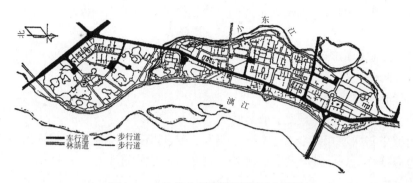

图 3-15　桂林小东江区街路系统规划

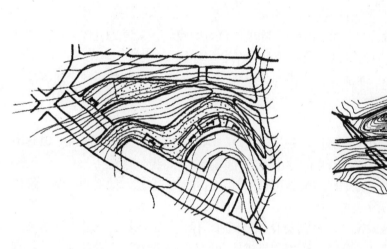

图 3-16　不规整地块上的内外街路组织（一）　　图 3-17　不规整地块上的内外街路组织（二）

8）区块内部的次要道路，应尽量形成环线，垂直等高线的次要道路可采用尽端路；双车道可利用不同标高上的平行道路，分别设为不同方向的单向交通；道路交叉处可利用地形高差形成立交。

9）部分交通量少的次要道路，可采用单车道（路面宽度 3.5m）与错车道（场）相结合的方法以适应坡地地形特点，并保证有方便的联系与安全。

错车道（场）常设在：

（1）设在位置明显处，使驾驶员能看到相邻两错车道间来的车辆；不宜设在低处或较大斜坡上，避免造成停车和起步困难。

（2）采用较长的 3.5m 宽的单车道，必须要有每公里 3～5 个错车道配合。错车道路段宽度不小于 6.5m，有效长度不小于 20m，为了便于错车车辆的驶入，在错车道的两端应设不小 10m 的过渡段，有效长度至少能容纳一辆全挂车的长度。

10）城镇次要道路不强调采用城镇型，必要时可采用郊区型，断面上不一定采用宽大的一块板的做法，可采用单车道或双车道的多块板做法，也可采用复线分流的办法满足交通需要。

11）特别要注意街路的端景与街路的转折点和高低起伏点的景观效应，并在视线的收束点处布置有方向感的建筑或小品，以产生诱导作用。

12）组织好竖向交通。

（1）竖向交通是山地城镇规划、设计中非常重要的问题。

（2）车行道应与梯道相结合，主要梯道应纳入城镇街路体系中，以弥补山地通达性的不足。梯道也应结合地形，配合栏杆、座椅、绿化及其他建筑小品。

（3）组织好竖向交通的另一要点是尽量减少道路的"无效升降"，应尽力做到两点平面距离最短，而上、下坡的高差又最小。

（4）单一的汽车交通，有时不便组织整个城镇的街路交通，在竖向交通的组织上，可考虑采用缆车及索道交通。

（5）各种交通设施综合安排。如前所述，除地面汽车交通外，应考虑立体交通、架空交通、地下（隧道）交通、垂直交通。交通工具有汽车、缆车、轨道车、电动车、电梯等，要全面综合地考虑水平交通、垂直交通上不同交通车辆、不同交通线路和不同交通流量的连接。

13）应避免高峰小时的交通量过分集中于一个方向和一个区块上。对城镇规模大，通达性要求高的主要街路，可采用如劈山、架旱桥、筑棚洞、开隧道等大的工程量，以解决交通问题。但次干道仍选择在坡度较大的地段，垂直或斜交等高线布置。

14）系统规划在减少挖填方，保留坡地特色同时，应注意其曲度、坡度的控制，维护行车安全，兼顾建筑基地与街路的衔接。

15）位于江河边的山地城镇，常可以发展水上交通，但山地的江河、水位、涨落高差大，水陆转运码头往往要爬坡，此时，可采用机械提升设备，如缆车、自动扶梯等。规划时要保证其连接处有较宽裕的集散场地，以与城镇的街路、人行道、广场等有机连接，保证人流、货流的畅通无阻。

沿水系打造"滨水步行街路"，并使沿路景观随着不同主题的变化而变化，使人能体验到多种风情的滨水景观。

16）考虑到山地城镇交通上的不便，规划时要特别重视各地段的可达性。城镇主要街路应结合主要公共活动场所、公共建筑布置，以形成内聚性的会聚中心；注意城镇的主要公共建筑、车站、公共广场、水港码头等地的可达性与便捷性，尽量做到在空间分布上的均匀，并设置无障碍通行道。次要街巷口常成为居民的社交场所，可布置如综合服务部、茶馆、酒楼、文化馆、小游园等，成为完整的、具有方向感的城镇结构系统中的节点。

17）增加街路面积。当坡度大于10%时，街路面积有显著增加。坡度愈大，街路及梯道面积愈大。街路面积以平行等高线布置最多，斜交次之，垂直又次之，平地最少。平行等高线布置时，若需要的话，每一栋建筑所对应的水平道路都设计成车道，建筑平面布置时，在可能情况下应对出入口的方向作相应调整，以节省道路面积。

18）确定适当的街路标高，应注意：

（1）线形平顺，保证行车安全。一般纵坡最大不超过8%，次要道路必要时可达到

10%；当山坡较陡时（大于 15% 时），可采用锯齿形街路，如图 3-18 所示。

（2）各街路与相交的街口、巷口、广场和沿街建筑物的出入口应有平顺的连接。

（3）有利于街路的地面排水，最小纵坡坡度不小于 3‰，并使其街路的标高低于沿街两侧建筑物标高 0.3 ~ 0.6m，为地下管线的埋设创造有利条件。

19）从地面排水与设置排水管角度考虑，街路网最好按照最短的地面水排泄方向建设，不要使水流有急转弯而造成排水不畅，如图 3-19 所示。

有条件时街路最好是沿谷道布置而不要沿分水线布置。这样做具有以下优点：

（1）可以减少修建街路敷设污水管的土石方工程量，不需将污水管埋置很深；

图 3-18　美国旧金山 S 形街路

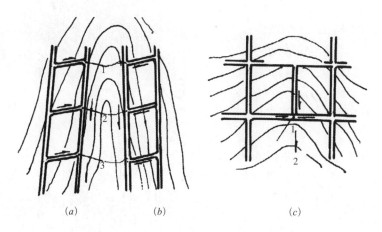

(a)　　　　　　(b)　　　　　　　(c)

图 3-19　从地面排水考虑设置街路网

(a) 1、2、3 三点雨水不能沿着最短的路线流去，易造成积水和破坏；(b) 1、2、3 三点雨水能沿着最短的路线流去，不易造成积水和破坏；(c) 1 点无出水口，因而必须修建 1-2 街路

（2）可改善附近街区和街路两边的地面水排泄；

（3）与街路的平曲线配合，给街路两边建筑物的艺术处理创造了更大的可能性。

20）在坡度较大的坡地上应规划设置梯道，可能条件下结合电梯、扶梯、缆车等辅助交通，并使车行道、主要步行梯道、水系，形成一个完善的系统。据重庆调查资料表明 [1]2010 年重庆居民步行比率约为 50%，这主要是由于重庆的地形特征使得出行呈现典型

---

[1]　傅彦.交通稳静化在重庆主城区交通规划中的应用 [J].山地城乡规划，2011（2）。

的二元结构，即机动出行和步行，同时由于在小范围内城市功能的完善，使得基本出行大多能通过步行方式解决。资料还表明：居民出行最主要的目的为上班和上学，其次为购物和娱乐等。不同性质用地所吸引交通方式是不同的：中小学校用地的学生和从业人员出行方式以步行和公共交通为主，行政办公用地、商业服务用地和旅馆用地的从业人员主要以公共交通方式为主，而工业用地和行政办公用地小汽车出行比重明显高于其他用地。这些情况在总体布局和街路网规划中应予以特别重视。

21）考虑街路特殊的街道艺术。街路空间及相关设施应当具有艺术观赏性，街路应与周围环境协调，并使街路的各种对象、借景有较严格的逻辑关系。

（1）街路布置常呈自然曲折状，此时，应考虑其两边建筑布置的合理性，并注意折弯处的景观效果。如图 3-18 为旧金山 S 形盘道，它合理地考虑了街路线形的美观、绿化配置和建筑的布置，使曲折坡道与便捷的人行梯道形成线形对比；步车交通分流；建筑呈阶梯上升与坡度升高相符，街道两侧建筑先是较低层而后才提高层数，避免形成狭谷空间，整个环境呈现出和谐与谦让，韵律与节奏，有机地融为一体。

（2）由于水平交通车道与垂直交通（梯道）没有严格分界，街路布置变化多端、蜿蜒曲折、上下盘旋，增加了城镇空间竖向层次，且不断改变景空走廊，改变人们不同角度的观景位，从而产生步移景异的效果。随山就势布局的建筑还为道路的每一转折提供了生动对景。因此，规划设计时要考虑各种观景位的设置。

22）山地街路的走向对城镇通风影响大，应尽可能做到：南方山谷气候湿热，干道走向应接近平行于夏季主导风向，或垂直河道方向（水陆风）；北方干旱或寒冷地区及风沙大的地区，干道走向则应与冬季风向保持一定的偏斜角度。

23）在山地结合地形及各级服务中心，在适当位置设置行人步行专区很有特色，如可以利用坡地街路设计梯道步行街，如图 3-20 所示。这种步行空间可为山地城镇居民提供步行、休息、游乐、聚会的公共开放空间，增进人际交流，增强地区认同感与自豪感。

步行体系的组织应同时考虑"线"

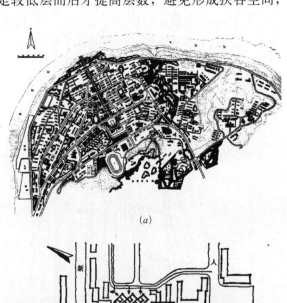

(a)

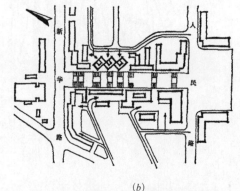

(b)

(c)

图 3-20 攀枝花梯道步行街

(a) 攀枝花总平面图；(b) 梯道步行街平面图；(c) 梯道步行街剖面图

与"点"的结合。"线"是指人行走的路线;"点"是指在路上供人停留的空间节点,如小广场、小游园、绿地休息点等。

三、综合使用各种交通类型

为克服地形复杂、联系不便的矛盾,在山地城镇街路交通组织时常采取多种类型的交通设施,并使其相互密切配合形成一个有机整体。

1) 汽车交通:机动灵活,使用方便,它是城镇客货运输中的主要交通类型。

2) 电车交通:功率大,爬坡性能好,在山地城镇中纵坡度较大的道路上行驶时,较汽车交通类型的性能好,污染少。但是,在小半径弯道上行驶时容易发生脱鞭事故,应注意使用街路的线形状况。

3) 缆车及索道交通:运载量的大小取决于机械设备的能力,在山地城镇中,它们具有其他交通类型所不具备的优点,如图 3-21、图 3-22 所示。

图 3-21 缆车示例

来源:张绍稳.新形势下山坝统筹的规划工作方法与管理措施——以宾川县为重点实例 [R].云南省设计院规划分院,2011。

图 3-22 空中索道示例

来源:张绍稳.新形势下山坝统筹的规划工作方法与管理措施——以宾川县为重点实例 [R].云南省设计院规划分院,2011。

（1）缆车交通：爬坡性能特别好，就是在100%以上的坡度处也照常运行，但运行中，乘客或货物都需要从汽车交通类型转换为缆车交通，然后，再由缆车交通转为汽车交通，这样既增加了运输周转环节，也破坏了城镇交通运输的连续性。此时，可采用缆车驮汽车的交通方式来克服这一缺点，即可以让乘客乘坐（或装运货物）的汽车直接驶上缆车的台车上，再经缆车的升降，便可使汽车由一条道路转换到另一条道路上，而乘客（或货物）不需转换车辆。但此时应规划设计缆车上下站台处的车流组织，增大缆车的牵引动力，如图3-23所示。

（2）索道交通：其缆索可直接在两个交通联系点之间悬空敷设，中间不再需要其他的工程设施。特别在解决山地城镇中深谷、河流两岸之间的交通联系上较为有利。索道交通的运量不大，其设备并不复杂，是山地城镇中的一种交通类型。

图 3-23　缆车驮背

1—出口；2—进口；3—上站台；4—台车；5—缆车道；6—下站台

来源：张九师. 山地及丘陵地区城市道路与交通组织的初步探讨 [Z]. 重庆大学建筑城规学院，1979。

4）轻轨地下铁道及架空单轨交通：这两种交通类型所需的投资多，技术要求高，中小城镇交通中一般不采用。这两种交通类型的特点：一是在城镇地面下，一是架空于城镇地面之上。它们对城镇中其他地面交通干扰很少，对节约城镇用地有显著的效果。地下铁道及架空单轨的行驶速度高，运载量大，对解决城镇中运量比较集中的点之间的定点交通较为有利。

此外，尚有隧道、地下街、地下疏散通道、旱桥、步行梯道和坡道、室外垂直升降电梯、室外自动扶梯、吊车等交通设施，如图3-24、图3-25所示。

图 3-24　自动扶梯示例

来源：张绍稳. 新形势下山坝统筹的规划工作方法与管理措施——以宾川县为重点实例 [R]. 云南省设计院规划分院，2011。

图 3-25　垂直电梯示例

来源：张绍稳.新形势下山坝统筹的规划工作方法与管理措施——以宾川县为重点实例 [R]. 云南省设计院规划分院，2011。

第五节　纵、横断面设计

街路的纵、横断面设计除应根据街路的功能满足交通、排水、绿化环保、地下管线等公用设施布置，以及与沿街建筑布置协调外，在山地要特别注意与地形的协调，本节主要是强调其山地街路纵、横断面设计的特殊性。

一、横断面设计

1）横断面布置受到地形限制时可适当采用挑、镶、架、穿等工程措施，使街路畅通、完善，又便于成街和组织交通，如图 3-26、图 3-27 所示。

图 3-26　街路横断面（一）

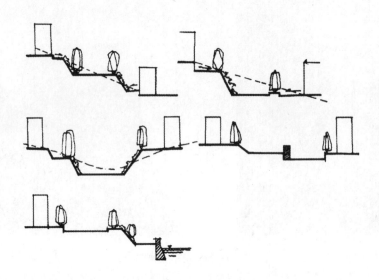

图 3-27 街路横断面（二）

（1）挑、镶。一般在地面坡度较大的沿等高线布置的街路路段上采用，即利用人工结构，采用挑、镶的措施以保证需要的街路横断面宽度。

（2）架。常用在用地紧张或陡坡地段和跨越沟谷地段采用，以使街路顺畅，形成完善体系，如图 3-28 所示 。旱桥的出现使时空发生变化，而引起环境的变化，起到引景作用，本身也是景点，如图 3-29 所示 。

（3）穿。即采用隧道将受山体阻隔的街路联系起来，形成完善的交通体系，如图 3-30所示。当山体覆盖层厚度不足时，街路也可采用棚洞的方法穿越，如图 3-31 所示。棚洞可减少土石方量，最大限度地降低对原生植物的破坏，土石回填后还可种植绿色植物。但采用此种方法若在陡峭的坡边，开挖工程量大，且棚洞的基础必须设置在稳定的地基上，因此，在山地开发中，只在街路局部地面无法通行的陡峭边通过时采用。

图 3-28 架空街路两个实例

来源：张绍稳.新形势下山坝统筹的规划工作方法与管理措施——以宾川县为重点实例 [R].云南省设计院规划分院，2011。

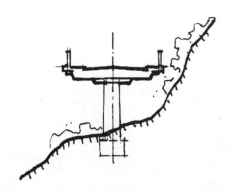

图 3-29　高架路断面

图 3-30　隧道示例

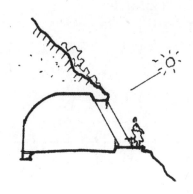

图 3-31　棚洞路断面

2）在山地多采用混合车道，以缩小街路的总宽度。同时不一定在人行道与车行道之间种植行道树，而利用路两边或一边较高的地带种植树木，以构成良好的遮荫道、花园路等。

3）人行道、车行道、绿化带常位于不同水平面上，采用阶梯式横断面。这样更易于结合地形，但此时要注意车道通行对下阶人行道的噪声与尘土的干扰，所以常利用较宽的路肩作为绿带进行适当的隔离。另外，要注意上阶人行道所看到的下阶建筑的视线效果。

4）在坡地上，有时设置两条窄路常比设置一条总宽相同的道路土石方量少，两条道路之间为绿带，这样每一方向的道路与建筑的联系也极为方便。但此时街路面积增加，必要时才采用。

二、纵断面设计

1）满足街路交通的线路纵坡要求，见表3-2所列。

街路纵坡限制表 表3-2

交通类型		允许纵坡		
		一般	最大纵坡	最小纵坡
快速路			4%	2%
街路	城市道路	8%	8%	2%
	自行车道	3%	8%	2%
	人行道	大于8%时做成台阶式		
	广场	0.4%≥	4%≤	——
	快速交通干道	——	3%～4%	
人行输送带与自动扶梯		9°～20°		

2）街路纵断面设计，应使车辆具有较好的行驶条件和有利的排水条件。故纵断面的确定应与用地的竖向布置、建（构）筑物等的地坪标高互相配合。

3）为了有较好的行驶条件，道路变坡点间的距离不宜太小，一般控制在50m以上较好。相邻段的坡差也不宜过大，应避免锯齿形纵断面。当街路纵坡大时，要避免长距离上、下坡（尤其多雨、雪地区），以免引起车辆故障或车祸，为保证行车安全应对坡长予以限制，不同纵坡的限制长度要求见表3-3所列。

道路纵坡与限制坡长 表3-3

道路纵坡（%）	5～6	6～7	7～8	8～9	9～10	10～11
限制坡长（m）	800	500	300	150	100	80

4）当街路纵坡较大又超过限制坡长时，则应设置不大于3%的缓坡段，其坡长不宜超过80m。

在陡坡上的街路，不宜设小半径平曲线。街路纵断面变坡处，当两相邻坡段的坡差大于1%～2%时，为保证所需视距和有利的行车条件，应设置圆形竖曲线。

5）街路纵断面的最大坡度宜限制在8%以内，海拔3000～4000m的高原城镇，最大纵坡不得大于6%。纵坡过大既影响行车安全，又会增加机械磨损和耗油量，当纵坡到

6.5% ～ 7% 以上就不够经济。街路可以是平坡，但考虑有利于路面排水，最小纵坡以不小于 0.3% ～ 0.5% 为宜。

在急弯与陡坡相重叠的路段，上述所容许的最大纵坡必须减少，当平曲线半径等于或小于 50m 时，需按表 3-4 所列数值，对容许最大纵坡予以折减。

平曲线纵坡折减值　　　　　　　　　　　表3-4

半径（m）	50	45	40	35	30	25	20
折减（%）	1.0	1.5	2.0	2.5	3.0	3.5	4.0

非机动车街路规划纵坡宜小于 2.5%。机动与非机动车混合街路，其纵坡应按非机动车道的纵坡取值。非机动车街路规划纵坡与限制坡长见表 3-5 所列。

非机动车车行道规划纵坡与限制坡长　　　　表3-5

坡度（%）　　　限制坡长（m）　车种	自行车	三轮车、板车
3.5	150	—
3.0	200	100
2.5	300	150

三、纵、横断面设计要点 [1]

1）避免街路平曲线与竖曲线重叠。在复杂地形条件下，往往会遇到街路在平面和竖向上同时发生转折，此时，若出现急弯和陡坡相重叠，将使行车不安全，因而必须在平面定线和纵断面拉坡中予以综合考虑，尽可能错开。其办法是使转坡点移开，或加大平曲线半径，不设超高；或加大竖曲线半径，降低纵坡等。无论采用哪种方法，均应保证行车的视距要求。

2）当街路穿过垭口时，若遇到转坡点远移困难或加大平曲线半径也不可能时，容许采用较小些的坡度（在 4% 左右）与小半径平曲线相重叠，但应注意尽可能不把路线平面转折点设在垭口正中，以有利于司机在到达坡顶前能很自然地看清前方的转弯方向。

[1]　武汉建筑材料工业学院，同济大学，重庆建筑工程学院 . 城市道路与交通（高等学校试用材料）[M]. 北京：中国建筑工业出版社，1981。

第六节　街路与建筑

一、特点

1）山地城镇其街路与建筑之间关系十分密切，一般的情况是建筑随街路的走势高低错落布置，形成开敞与封闭的空间环境，它像树枝上的果实一样，色泽纷呈，大小各异，并成为居民小尺度的内聚点。它与建筑户外空间结合，大大增强了街路空间的节奏感与纵深感。这种沿街路和围绕一定节点而形成的具有一定内聚力的城镇环境，其布置形式与平原地区街路的组织有很大区别。

2）由于街路横断面的不同组织，使沿街建筑与街路之间必须用台阶、斜坡、中层入口天桥、室外楼梯等方式来连接，建筑的入口方式也各不相同，类似下沉式花园、平台、挑廊等处理也会经常出现，建筑内外环境的巧妙结合，会给街路空间带来无穷的情趣。但此时应注意上阶台路对下阶建筑布置的影响，如图3-32所示。

3）与红线关系：平缓地段街路两侧的建筑物，当层数相差不大时，两旁建筑距街路红线距离相等，但在坡度较大地段。常易出现一侧高，另一侧低的横断面，此时街路两侧的红线位置与街路中心线间的距离可以不等，应视具体情况而定。如街路为东西走向，路南地势高，路北地势低，则北侧低坡地段的建筑物与街路间，设置绿化和人行道时，应考虑日照和通风要求，建筑物可适当远距中心线布置。

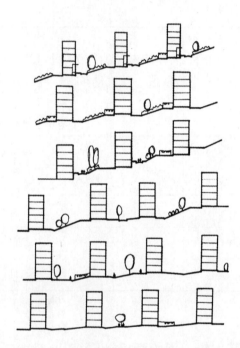

图3-32　上阶台路对下阶建筑布置的影响

二、街路边建筑处理

由于地形陡缓的不同，处理方式也不相同，如图3-33所示。

1）街路面标高均高于两侧用地标高时：一种是将建筑沿红线布置，利用地面高差将建筑下部处理成地下室或半地下室，沿街二层或三层设入口，这种情况多用于街路面较宽的地方；另一种情况是在街道路面较窄的情况下，宜将建筑退后红线，其后退地段用作绿化。

2）路面低、两侧高的情况下：街道建筑景观一般较好，此时最好将人行道与建筑处于相近的标高处，只将车道下沉。为不使台阶占用路幅，宜将建筑适当退后红线，这样做也利于街道的通风与日照的改善。

3）街道一侧高，另一侧低：其处理方法是上述两种的综合。但要注意随着地形的高差，

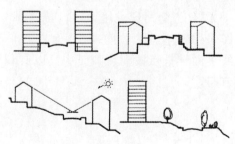

图3-33　街路边的建筑处理

街路两边的建筑可考虑采用不同的建筑层数，原则上是高侧要低些，低侧要高些，以满足街道景观的视觉平衡。

4）街道两侧有局部凸起或凹下的地方，应合理利用这些地段，作特殊处理。如利用局部高地布置公共建筑，或利用局部凹地作下沉式广场、绿地等等，如图3-34所示。

5）在较陡的坡地上，由于街路宽度有限，若在街路两边连续布置建筑，易形成非常典型的"线形"空间，或"狭谷式"街道，采光、通风差，会迫使人流迅速流出。此时，为保证街道能获得较好的采光、通风和舒适度，除规定两边建筑必须按规定的高度后退处理外，临街两边建筑可采用底层架空或半架空处理，以扩大街路"线空间"宽度，增加街路的舒适度；也可在外侧采用低层建筑的方法，并使街边建筑不相互连接过长。

图3-34　下沉式广场绿地

6）在陡坡地上一般不采用街道两侧布置建筑的方法，因为这样不仅采光、通风差，还会增加土石方工程量，并使下水管道埋置更深。此外，若街道两侧高差太大，从景观角度看是不好的。所以这些地段的街路多采用"半边街"的布置方式，形成半开敞空间。

7）在街路弯道处，若坡度大，车辆在此转弯，会使交通安全隐患加大，夜间受车灯干扰也大，要注意这种街路所带来的"煞气"。特别是幼儿园、学校等公共服务设施的出入口要避免在街路的弯道处、下坡处，要避免建筑贴近此处布置，应留出适当空地进行绿化，以作为缓冲之地。另一方面，在确定街路标高和坡度时，若街路边为学校、幼儿园、商业等用地时，此段街路坡度宜平缓，如图3-35所示；若为其他用地，特别是别墅区，可设计较大的坡度，如图3-36所示。此外，在有坡的弯道上采用彩色防滑涂料面层，可以起到很好的安全警示和防滑作用，以减少安全隐患，如图3-37所示。

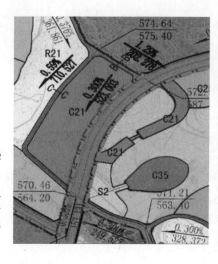

图3-35　幼儿园、学校等路边用地标高控制

来源：季斌.山地城镇道路基础设施的规划设计[R].云南省规划设计研究院市政设计所，2011。

若此处设主要出入口，
交通安全隐患大

存在交通安全隐患

幼儿园学
校等公共
服务设施

存在交通安全隐患

(a)　　　　　　　　　*(b)*　　　　　　　　　*(c)*

图3-36　街路弯道处端头处建筑与出入口
(a) 弯道边的幼儿园、学校等公共服务设施布置；
(b) 弯道边的建筑布置；*(c)* 丁字口的建筑布置

图3-37　在有坡的弯道上采用彩色路面防
滑涂料示例

来源：上海市政工程设计研究总院（集团）有限公司。

三、街路与水体的关系

　　山高水高，一般山地城镇都有错综的水系，河川、溪流、泉水多。街路沿水系构筑不仅能方便使用并丰富街景，而且可以利用街路路面与边沟排水、泄洪，对街区的防火也提供了充足的水源，所以如丽江、大理等城镇都出现了主街傍河、小巷临渠的布局，形成"处处流水、户户养花"的绝妙环境，如图3-38所示。

图3-38　街路与水体的关系示例

第四章 空 间 组 合

山地空间组合原理与一般空间组合原理相似，其目的也是为了建立一定的秩序性。但由于地形等条件的限制，其特征和方法各异。这里主要是从生活与生产活动要求出发，对如何结合地形，结合交通布置建（构）筑物，以最大限度地做到既满足使用要求，又减少土石方量与室外工程费用等。

第一节 空间处理方法与要求

一、空间的处理方法

1、从整体出发进行空间的处理

1）提高空间的可识性

经验告知：山地的空间组织，常由于地形的起伏及地表覆盖的不同，组成元素的变化过于复杂，使人穿梭其间不易辨认方位，而造成混乱的视觉意象。因此，任何人工空间的组织，要从整体出发，配合已有的自然环境形式，使之融入既存的环境构架之中，清晰可辨。

（1）城镇无论大小，几乎都可以利用地形突出其自身的空间标志物，这些标志物往往位于城镇的入口、中心、河湾、街道的底景或地势较高的地段，使人们易于看到，如塔、亭，或建（构）筑物常位于城镇范域以内的制高点或控制点上，起到城镇空间的限定作用。

（2）利用地标，使从城镇到街坊小巷，直至建筑和院落都应有明确的界定。这种界定可通过约定俗成的门、楼（包括过街楼、牌楼等）、塔、亭等各种建（构）筑物，各种乡土标志物，如风水树、风水池、山石、小品等，在特殊的地形条件下体现出各种不同的空间和层次，使空间的形象和性格各异。利用"界"标志着一个空间的开始或结束，给人以明确的空间节奏感。但这种"界"，界而不死，界与渗透有机结合，又使城镇空间表现出空间的有限性和无限性的统一，不损害各空间的相互交融。

（3）用景观美学原理及设计手法，创造引人入胜、极舒适的空间；利用景观意象元素创造自明性高及合乎人性尺度的空间景观意象。空间的塑造应使生活于其间的人能感到空间的意义，并产生认同感。

2）建筑（群）与山体的关系

建筑（群）与山体的关系从总体上讲，应按不同的建筑性质、功能要求，不同的山体位置，不同的交通条件等因素，考虑其与山体的共构方式。在山地，常有以下五种建筑类型：

（1）融入型[1]：建筑形体"小"、"散"、"隐"，布置分散，建筑密度低，建筑肌理与植

---

[1] 加拿大沃德城市设计公司，湖南城市学院规划建筑设计研究院编制．五洲建筑主题园 [R]．云南省蒙自市规划局．

被、山石、水流等肌理相融合，表现出对自然的谦让，建筑作为自然的一部分出现，其形体与环境相互映衬，这类建筑多用于低密度开发建设区，如图 4-1 所示。

（2）超越型[1]：强调建筑的形体特征，与山体保持"对比"或"对立"关系，追求一种相互映衬的和谐，这类建筑多用于大型公共建筑或纪念性建筑，如图 4-2、图 4-3 所示。

图 4-1　融入型建筑示例

图 4-2　超越型建筑示例（一）

图 4-3　超越型建筑示例（二）

（3）随势型[2]：建筑与山势相适应，塑造符合山地环境的新形象。这类山地建筑，多需将建筑物相对集中、紧凑布置，以便于组织建筑物相互之间的交通联系，满足各部分之间的功能需求。规划设计时，要充分把握建筑体量和山体走势，构成统一的建筑轮廓线，以与山体相互依托，共同建立新的形象，如图 4-4、图 4-5 所示。

（4）贴岩型：在山岩稳定并且地质条件许可的情况下，建筑可利用地形高差，依附山崖或爬山修建，形成一种有特殊风貌的建筑。此类建筑对山体的朝向和景向要求高（应朝南或东南），并应注意贴山面建筑的排水与防潮，如图 4-6 ~ 图 4-8 所示。

图 4-4　随势型建筑示例（一）

[1]　加拿大沃德城市设计公司，湖南城市学院规划建筑设计研究院编制 . 五洲建筑主题园 [R]. 云南省蒙自市规划局。
[2]　加拿大沃德城市设计公司，湖南城市学院规划建筑设计研究院编制 . 五洲建筑主题园 [R]. 云南省蒙自市规划局。

图 4-5 随势型建筑示例（二）

图 4-6 爬山建筑示例

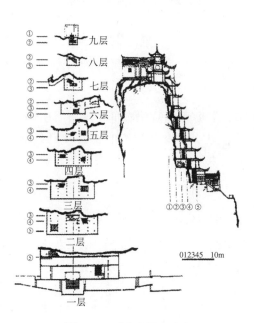

图 4-7 重庆忠县石宝塞

来源：四川省建设委员会.四川古建筑
[M].成都：四川科学技术出版社，1992。

图 4-8 贴岩建筑示例

（5）窑洞类：此类建筑多位于我国西北的黄土山区，利用山体和地形的高差构筑，冬暖夏凉，有避风保温之利，但不能大跨度构筑，多用于居住建筑，如图 4-9、图 4-10 所示。

图 4-11 为新加坡南洋工科大学，就是建筑与山体共构的佳作。它位于新加坡西端丘陵地带的几个山头上，根据用地的起伏情况，采用鱼脊式桥体建筑布局方式，在中央山脊上耸立着 4 层高的主体建筑，两侧则以桥体结构跨越谷底，延伸到旁边的两个山头。

图 4-9　窑洞建筑示例（一）

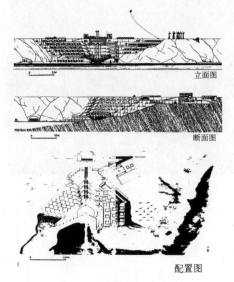

立面图

断面图

配置图

图 4-10　窑洞建筑示例（二）

来源：井上知幸.洛阳国际青年村 [c].
东京工业大学大学院。

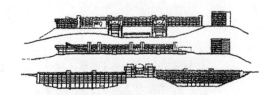

图 4-11　与山体共构的南洋工科大学

来源：朱清.融合与共构 [Z]。

隔谷相望的山脊，通过连绵的建筑联结成为整体。借助于建筑物自身，解决了山地之间的交通联系。整组建筑犹如从山脊、狭谷中自然长出，桥体建筑与自然环境巧妙结合，浑然一体。山地自然景色为创造优美的校园环境提供了天然资源，依山就势、错落有致的建筑群体也为山体创造了新的景观。

3) 控制好天际轮廓线

山地城镇的天际轮廓线，常成为重要的视觉焦点之一。设计中应按用地的容积率及建筑高度的限制，根据其建筑可能的外形美化与树木绿化的需求，充分而有效地控制好天际轮廓线，并与天然的山体天际线相配合，以构成和谐的整体景观，详见第五章。

4) 处理好建筑与街路的关系

山地建筑等空间景观形态的变化，多是通过街路来感知的，因此处理好街路与建筑的关系，并使之形成结构简明、层次分明的空间体系，是非常重要的。

5) 处理好空间的层次性与有机性

空间的层次性，包括水平方向的纵横层次和垂直方向的竖向层次。山地城镇应以竖向层次为其主要特征，要注意由远景、中景、近景构成的深远层次和第五立面。空间的有机性，指要因地制宜、就地取材，尽可能保持自然地形；建筑与山、石、绿化密切结合，使环境成为有机整体，并反映出建筑的地方特征，如图 4-12、图 4-13 所示。

2. 局部地块的几种地形处理方法

不同的地形已为山地空间的构成奠定了基础。对于局部地块来说，为了适建，一般是在采用以下六种方法的基础上进行具体设计 [1]。

[1]　黄伟盛.山坡地开发的整地规划 [Z]。

图 4-12　云南怒江州政府

来源：云南省天怡建筑设计有限公司。

图 4-13　云南弥勒中学

来源：云南省弥勒县规划局提供。

1) 顺

顺即顺势，顺等高线一致方向进行构筑，这是各种山坡利用的最基本且最重要的方法。先研究各坡区的主要走势，顺势规划，并在转折点作适当过渡，展现原坡地的特色，减少开发时的破坏。此时，建筑布置、街路安排及停车场、娱乐区、花园等的布置都应注意地表水的排放。

2) 小

即较少地平整土地，化大体量建筑为小单元组合，以缩小对原地面的破坏和改变，地表水的侵蚀问题也可以减少或消除，节省了大量的填挖土方量和室外护坡挡土工程。集水沟、洼地和暴雨排水沟渠尽可能与大部分街路平行并在其一侧。

3) 缓

即改缓，就是将过于陡的坡改为缓坡以便于使用。适宜的建筑用地坡度应在 15% 以下，超过 15% 则宜采用阶梯式的设计手法。

4) 均

即均坡，使坡度平均。多变的山坡地形常使设计与施工更加繁杂，均坡可使地形单纯，达到整体协调。

5) 齐

即整齐，就是将复杂、不规则的等高线加以调整，求其圆柔齐顺，使过于零碎复杂的用地能具有较为圆畅的坡势。通常在坡面宽阔的地形采用这种处理手法，整地可使建筑调和统一，有明显的层次感。

6) 平

即整平。常有部分设施需要较大而平坦的用地面积，可选择谷地填平、山头铲平或将缓坡地整平，以便于作为运动场、球场、建筑群中的主体建筑用地、货场等。

此外，在空间布局中，对用地划分、功能分区时，除考虑使用功能的需要外，尚应根据下水道、汇水区的形态进行考虑。原有地面水的径流被改变时，通常是将其集中起来，引入蓄水和排灌系统，否则侵蚀注定要发生。所以在可能情况下，规划设计中应尽量保持已运行良好的地下排水系统。

3. 空间规划设计要求与步骤

山地的空间组织直接关系到各种不同土地的利用方式，它是从功能要求出发，从整体规划与设计入手，因地制宜加以组织。一般要求做到以下五点：

1）机

即有机。山坡用地的三度空间具有多样性、机能性、地域性，整体规划应综合地质、排水、坡度、视野等创造出生动、活泼而具多功能的空间用地。

2）缘

即有缘，天人合一。山坡整地后应明亮舒畅、碧绿如茵，具有亲和力；尽量减少迫近感的挡土墙，疏离感的水泥森林，消极无用的死角，使坡地利用回归自然。

3）趣

即有趣，具有趣味性。如山地活动场、休息场地，应高低起伏曲折多变，整地时宜保留特殊地形、地景、孤石、流水等以增加空间的趣味性。

4）美

即清新美丽。将原本杂乱的坡势整理成清爽秀丽、令人喜爱的大地。建成一片美好环境，是人类最高的目标。

5）景

即造景。利用整地的过程，配合周围山势背景，创造优美的景致及壮丽的天际线。

当整地计划完成后，即可开始进行实质规划作业。实质规划的六大步骤是：

(1) 界定用地范围。

(2) 确立空间机能并形成系统。

(3) 拟定土地使用分区。

(4) 建立动线系统。

(5) 进行用地规划、用地布置。

(6) 天际线的考虑。

经过以上的程序即可完成一个用地的实质规划方案，最好能作出几个不同的规划方案以供讨论，最后得出一个最佳规划设计实施方案。

二、局部地形的利用

不同的局部地形，具有不同的作用和影响力。规划设计中应首先研究其特性与作用，以扬长避短，做到合理利用。

1. 谷地及周围的用地利用（图 4-14）

谷地及其周围的山坡地在开发利用上具有下列特性：

1）属于单一集水区，用地汇流在同一个出水口。

2）坡向具有东、南、西、北等多向性。

3）用地形状成块，较规整。

图 4-14　谷地及周围的用地利用示例

4) 用地的面积可塑性大。

5) 除深谷地外，地形坡度对开发、利用的影响较少，填土可以改变坡度。

6) 用地开发对邻近环境的冲击影响小。

这些用地特性表现在谷地的利用上：其形态应根据可利用面积的大小而定，建筑高度可以较高，其气候、水文及环境因素均相似，空间关系亲和力强，在视觉上或心理上因距离短而可及性高，内部景观常成为视觉焦点。通常因坡面不长，空间的垂直方向活动多于水平方向，可规划环状动线，穿越全区并加强各不同高度用地的垂直动线。

2. 山顶及周围的用地利用（图 4-15）

山顶及周围的坡地利用具有与谷地相反的特性：

1) 属于分水岭地区，有不同的流域，排水方向不一致，但径流量很小。

2) 山顶附近方位具有多向性，居高临下，视野辽阔。

3) 用地形状常趋于规整。

4) 用地的面积愈大，利用方式愈佳。

5) 坡度陡缓对规划影响次要，可以较大开挖而改造地形。

图 4-15 山顶及周围的用地利用示例

6) 用地开发对周围环境影响大。

山顶用地的开发应利用有较好的视野，但若过于挖平则丧失坡地特性；应注意水土保持工作，减少对周围环境的干扰；开发需配合山势、地形创造优美和谐的天际轮廓线；要注意不要出现不良建筑破坏景观，而造成视觉污染。

由于山顶用地可采取辐射式的多向性发展，加之坡面不长，垂直与水平方向活动的区别不明显，除考虑环山道路外，应加强步道系统，使山顶部分成为活动重心。合理的山顶用地利用方式如下：

（1）山顶部分：社区中心、活动区、服务区。

（2）顶部下缘：中度开发区。

（3）最下缘：中、低度开发区。

3. 山体坡地的用地利用（图 4-16 ～ 图 4-18）

图 4-16 山体坡地的用地利用示例（一）

图 4-17 山体坡地的用地利用示例（二）

来源：陈世民建筑事务所设计："重庆阳光华庭"。

图 4-18 山体坡地的用地利用示例（三）
来源：陈世民建筑师事务所设计："重庆阳光华庭"。

山体坡地用地具有以下特性：

1) 集水区上承下受，集流点有多处，视坡面宽度而定。

2) 坡向常为单向，少数为复向。

3) 坡面长度不定，长度越长利用越困难。

4) 用地形状不一，正面宽大的，规划最容易。

5) 用地面积越大越好。

6) 地形坡度为开发利用的关键因素。

7) 用地开发对上、下方环境影响大。

目前大多数的山坡地开发多为这种形态，其坡度越陡，则开发越困难。用地因受坡度限制，常为线形发展。在坡地上水平方向活动多于垂直方向，所以坡的上、下应加强步道系统的联系。

坡地上的开发又可因其坡面所在位置分为以下四种：

1）上坡段：位于坡面较高部分，接近山顶。

2）中坡段：位于坡面的中段部分，利用较困难，干扰性大。

3）下坡段：位于坡面的下游部分。

4）全坡段：整个坡面的利用，较有价值。

坡地的利用常不受发展的限制，上、下、左、右均可扩建，均有视野景观，但因为坡向单调其布置较缺乏多样性，规划的弹性较少，因此，宜顺应坡地特性并配合背景山势，设计出远、近层次分明的天际线。

第二节　建筑与山地环境

一、影响山地建筑的外部环境因素

除功能和交通条件外，影响山地建筑的外部环境因素，可归结有地质、地形、气候、水文、

植被与人文六个重大元素[1]:

1）地质：是安全和成本的决定因素，关系到基地的承载力和稳定性，对地质的详细了解和分析，对保证山地建筑的安全和经济至关重要。

2）地形：基地不同的坡度、坡向和形状，对建筑的影响极大，局部地形，具有不同的空间属性、景观特性和可利用性。

3）气候：在山地区域，气候变化一方面体现了经纬的大气气候特性，另一方面还表现了各不同地域的小气候特征，这对建筑设计影响较大。

4）水文：为避免水文对山地建筑的不利影响，必须对基地区域的排水路径、排水方式进行合理引导和组织，并采取有效的水土保持措施，从根本上加强山地环境水文控制。

5）植被：是山体生态环境的直接反映，是衬托建筑、表现山地景观的主要内容。

6）人文：研究当地的建筑形式与构筑方法，结合当地的历史、民族习性和山地文化特点，使其融入建筑设计中，打造具有地域特性的建筑产品。

二、建筑与等高线的关系

如何使建筑空间的组合与自然地形相协调是山地建筑规划与设计的关键所在。不论哪种建筑，都离不开其与等高线关系所带来的土石方工程量、基础处理、室外道路排水以及建筑本身的日照与通风等问题。

建筑与等高线的关系，可归纳为建筑与等高线平行、垂直及斜交三种。

1. 建筑平行等高线布置（图 4-19）

图 4-19 建筑平行等高线布置示例

(a) 大体量建筑布置；(b) 小体量建筑布置

当地形坡度为 10% ～ 30% 时，特别是用地坡向为南向或东南、西南向时采用，这种布置具有以下优缺点：

1）能在坡地上建造无地下室或有半地下室的建筑。

2）前、后建筑物相互遮挡少，可缩小房屋间距。但布置不当，上、下阶房屋相互有一定影响，如图 4-20、图 4-21 所示。

---

[1] 加拿大沃德城市设计公司，湖南城市学院规划建筑设计研究院编制 . 五洲建筑主题园 [R].云南省蒙自市规划局。

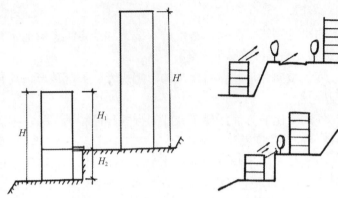

图 4-20　前、后建筑物相互关系　　　　　图 4-21　山地上、下两阶布置的相互影响

H—前排坡地建筑总高度；H_1—影响后排建筑高度
H_2—前后排地形高差；H'—后排坡地建筑总高度

3) 建筑的主立面朝向临空场地，视野广阔。

4) 向阳坡日照条件最好。

5) 建筑室内、外易于结合。

6) 道路管网整齐，易于安排，排水良好。

7) 能减少建筑勒脚层，土石方工程量较少，基础较易处理。

8) 受到方位条件制约，背山面建筑采光、通风差，底层潮湿。

坡地上建筑沿等高线布置时，应注意建筑靠山一面，室外堡坎或放坡所占用的土地面积，以及它对建筑及庭园布置所造成的影响，此时若堡坎或放坡高度大，建筑应尽量离开此坎坡，以获得良好的采光、通风条件，避免"开门见山"和使建筑底层处于阴暗潮湿之中，这样也易于组织排水。建筑靠前坎布置，可使前景开阔，增强建筑艺术表现力。

经验指出：当地形坡度为 10% ～ 30% 时，建筑一般是平行等高线布置，但也可以垂直等高线布置；当地形坡度超过 30% 以上时，平行等高线的建筑易受山洪冲击，且对迎坡面底部房间日照采光影响很大等原因而不宜采用。此时，这种顺等高线的布置方法，靠坎太近，建筑前后没有缓冲场地，受到坡向的限制也很大，当坡向为北向坡或西向坡时，更不宜采用。

2. 建筑与等高线斜交或垂直布置（图 4-22 ～ 图 4-24）

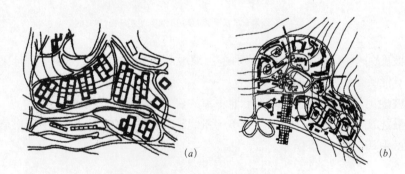

(a)　　　　　　　　　　　　　　　　　(b)

图 4-22　建筑垂直等高线布置示例（一）

(a) 方案（一）；(b) 方案（二）

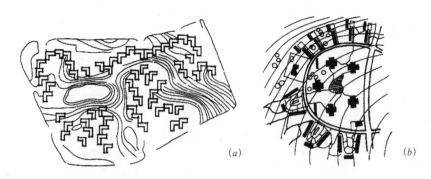

图 4-23 建筑垂直等高线布置示例（二）

(a) 方案 (一)；(b) 方案 (二)

当地形坡度大于 10% 及地形坡向与建筑朝向要求有矛盾时，也常采用斜交或垂直等高线的方式布置。此种布置的优点和缺点分别是：

1) 利于建筑的采光、通风与排水。

2) 结合地形易于错台或错层布置，建筑受地形坡度制约较少，土石方工程量少，最能适应不同的地形条件，常无需修建高勒脚层或复杂的出入口。

3) 对形成生动、灵活的建筑群体和丰富建筑艺术的表现力具有先决性的条件。

4) 建筑的抗震要求高，沉降缝多，基础及错落接头的结构处理复杂。

5) 这种布置建筑的特点是：建筑四周的地面高度都不一样，使建筑的底层布置复杂，建筑与道路结合较困难。

经验指出：沿等高线走向布置的建筑一般可以较长，但不宜过宽，而与等高线垂直或斜交布置的建筑一般较短，但较宽或采用错层的建筑布置。

当在不同基底标高上建筑采用横向或纵向分合时，应注意不同标高上土壤的不均匀沉陷问题；同一幢建筑的错层分台不宜太多，太复杂。

图 4-25 是国外采取自由式混合布置的一个住宅群。地段东北和南侧有城市道路，南端与北端标高相差约 9～12m，用不同平面形式和不同层数住宅，是结合道路和坡地等高线布置的一种常用手法。

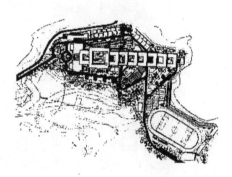

图 4-24 建筑垂直和平行等高线布置示例

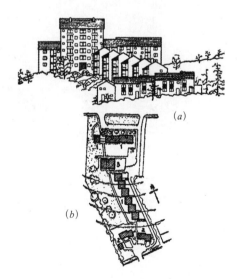

图 4-25 英国海洛耶特住宅群

(a) 立面图；(b) 平面图

1—3 层住宅；2—2 层住宅；3—6 层住宅

三、建筑基地的几种处理方式

　　山地建筑的布置与设计是按对地表面的处理方法决定，常综合地形坡度、建筑轴线与等高线的方向以及构筑方式等因素而定，其用地处理方式主要有台地法与无台地法两种，其他尚有挑、吊等方式，以解决建筑与地形的竖向矛盾，节约土石方量，争取空间，扩大面积，如图 4-26 ～图 4-29 所示。

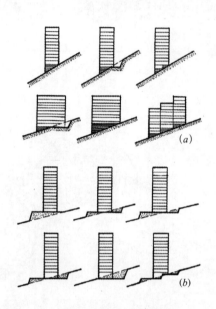

图 4-26　建筑基地的处理方法

(a) 无台地法 ;*(b)* 台地法

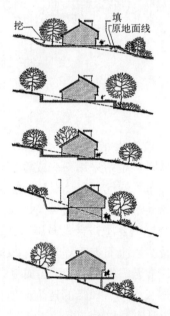

图 4-27　建筑基地无台地法适应地
　　　　　形的处理方法（一）

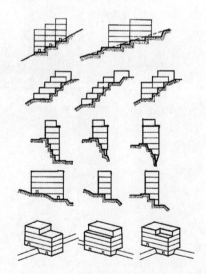

图 4-28　建筑基地无台地法适应地
　　　　　形的处理方法（二）

图 4-29　建筑基地其他适应地形的
　　　　　处理方法

1. 无台地法

建筑四周保持原地形地貌，采用纵向或横向提高勒脚和错层的办法来适应地形。其优点是不破坏原地形、地貌，土石方工程量少，但建筑基础形状复杂，增加建筑体积，会提高工程造价和延长工程的施工期限。故常使用于地形坡度较小（坡度4%以下）或建筑垂直等高线布置，或地形坡度大于25%时采用，其具体情况又有不同，以住宅建筑而言：

1）在坡度为5%以下的山坡上，采用无台地法布置。当建筑与等高线平行时，它比沿垂直等高线布置经济，因为此时建筑与等高线垂直布置，勒脚部分的体积大，基础要加台阶，其形状较复杂。当地形坡度在5%以上时，在无台地法的用地上建筑采用垂直等高线布置，则施工造价比建筑与等高线平行布置有显著的减少，因为建筑错落分台，不必增加勒脚、挡土墙的费用，以及土方运输的附加费用。

2）建筑平行等高线布置时，不带地下室、不错层的住宅建筑布置，在坡度最大为7%以内的山坡上才比较恰当，此时，建筑入口可以开在山坡的任何一面，对坡下的部分建筑地基需要填土。

3）在12%～20%的山坡上，当采用平行布置时，应设半地下或地下室，但采用地下室会受到气候条件、水文地质和其他当地条件的限制。因为地下室没有穿堂风，潮湿，室内的使用功能受到很大限制，只能作某些辅助用房。此时，应考虑设置通风、隔潮层或竖井，如图4-30所示。

4）地形坡度在20%～30%之间时，更需要采用无台地法处理，此时若采用台地法处理，则其土石方、基础及室外工程量会急剧上升，而且建筑的通风、排水处理也更为困难。此时，若采用纵向或横向错层的无台地法修建会比较经济。

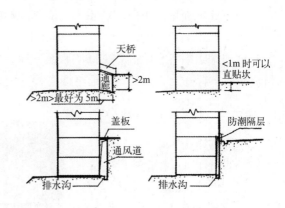

图4-30　地下室、半地下室通风、防潮隔层或竖井设置示意

2. 台地法

即将坡地改造成为台阶地。与无台地法比较，其优点是：建筑基础较简单，特别是在地震区内，建筑的稳定性大。但修建台地时，土石方工程量较大。当台阶高差较大时，尚需要修建挡土墙和夯实填土层（若采用半挖半填，将建筑修建在挖方上）。在岩石坡地上或陡坡用地上，采用台地法是很不经济的。

台地法在下列情况下适用：

1）地形坡度在10%以下时，采用错层方式（即无台地法）很不经济，而采用台地法或提高勒脚的方法较为经济。但在相同地形坡度条件下，进深愈大，勒脚愈高；同样若建筑进深不变，坡度愈大，勒脚也愈高。

2）地形坡度在10%以上时，采用台地法修建，其筑台的经济性取决于基础的埋置深度，而基础深浅又直接和筑台中所采用的开挖方式有关。筑台应以挖为主，这样利于基础设计，并可以用建筑基底范围的弃土就近填坑补洼，扩大室外活动面积。经验表明：建筑基底位于填土内或大部落在填土方上时，基础埋置深，不经济。而基底位于挖方内，虽然土石方量大点，但基础处理费用低。一般规律是：如果建筑进深不变，坡度愈大，愈需要将建筑置于挖方上。

3. 结论

一般做法是：建筑平行等高线布置只有在缓坡（3%～10%）和中坡（10%～20%）的坡地上修建较为合理。当山地建筑采用无台地法时，任何方案的经济、合理性都取决于基础的体积和形状的复杂程度以及附加勒脚层的多少。基础的附加工程量及其阶数与坡度成正比例关系，与建筑空间结构无关。建筑由于加大勒脚部分而增大了体积，对工程造价影响很大。并且建筑单位面积的平均造价与勒脚层的使用程度有关，所以勒脚层的使用可能性是评价采用无台地法修建建筑经济效益的一个重要标准。

研究还表明：山地建筑采用无台地法，当可以利用勒脚层空间利用时，每平方米建筑造价能比平地上降低3%～4%；若不能利用，则增加5%～6%。

4. 采用台地法或无台地法处理时的注意事项

1) 当不同地面标高上土壤有不均匀沉陷问题时，同一个建筑分台不宜复杂、零碎。

2) 解决贴坎面房间的采光、通风和防潮问题。

3) 合理地组织各台阶高差之间的联系交通，处理好室内与室外的联系，把主层和主要入口放在基本标高上，并与室外道路标高相适应。

四、建筑与其周围空间的处理

1. 建筑的错跌

结合地形设计建筑的最主要特点，就是建筑在组合设计中有可能按垂直方向和水平方向错跌，如图4-31～图4-34所示。错跌可利用楼梯间进行组合，以使建筑修建在与四周保持原状的山地上，如图4-35所示。这样不但减少了土方工程量，而且保证了绿化土层的完整性。此外，尚可以按组合体内部各部分的功能划分进行错层组合，这种错层可以适应10%～40%这样大范围坡度的地形，关键是要考虑其地质的条件与结构的经济合理性。

图4-31　弥勒中学教学楼的错跌处理

来源：云南省弥勒县规划局提供。

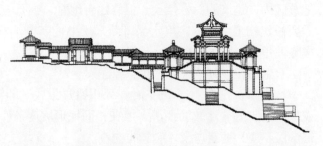

图4-32　建筑的错跌处理——李向北设计的南湖宾馆方案

来源：《全国建筑方案精品选》编委会. 全国建筑方案精品选 [M].
北京：中国建筑工业出版社，1999。

图 4-33 建筑的错跌处理示例（一）

来源：深圳市建筑设计研究总院黄果树民族园总体设计方案。

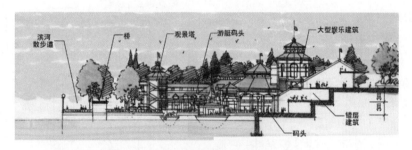

图 4-34 建筑的错跌处理示例（二）

特殊情况下也可以采用爬山或附岩处理，如图 4-36 所示。

2. 建筑与室内外关系

在充分了解和考虑基地的工程地质与水文地质情况下，一般的处理方法：

1）尽可能使建筑的设计标高与所在的自然地形标高相适应，这样，场地的土石方工程量小，边坡、护坡加固工程量少，如图 4-37 所示。

2）建筑一般宜放在挖方上，这样基础埋置深度浅，各基础埋置深度基本相同；建筑若在填方上，填土深度以 0.5 ~ 1.0m 为宜，不宜过深，个别基础可例外。

3. 建筑周围的小环境处理

1）建筑物距山坡脚的距离不宜小于 3 ~ 5m，并要避免在山坡脚处取土。当建筑平行等高线布置时，应特别注意其建筑物与

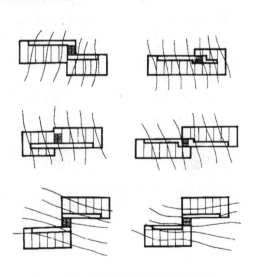

图 4-35 利用建筑楼梯间错层示意

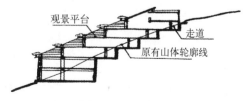

图 4-36 爬山建筑

坡脚的距离和建筑物体型与山体的相互关系，其靠山一面要有不少于 5m 宽的场地，坡度不得小于 2%。建筑朝下坡的一面，场地宽度也不得小于 5m。在陡坡的情况下，可利用填土来修筑道路、种植树木及其他使用。

高度大于 2m 的挡土墙和护坡的上缘与建筑水平距离不应小于 3m，其下缘水平距离不应小于 2m；陡坡地区，高度大于 4m 的挡土墙宜错台设置，不宜用一连续挡土墙砌筑到顶。

图 4-37　建筑与室内外关系

2) 在山地建筑布局中，常需要解决好建筑用地与室外场地的矛盾，多是将建筑置于坡地上而留出平地供室外的各种活动。

（1）建筑本身宜采用单元短而内部布置又紧凑的建筑平面组合；设置挑楼、阳台，特别是分层利用屋顶平台以及利用高差。

（2）采用室外踏步、天桥等等，如图 4-38、图 4-39 所示，建筑作分层出入处理，使室内外更好地结合，扩大户外活动空间，方便出入，这样既能适应地形要求，又使建筑具有多样性，丰富建筑景观。

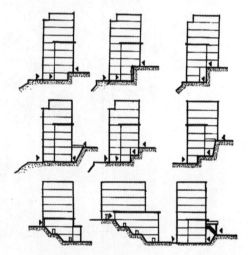

图 4-38　建筑分层入口示意

图 4-39　建筑分层入口示例——李向北设计的南湖宾馆方案

来源：《全国建筑方案精品选》编委会.全国建筑方案精品选 [M].北京：中国建筑工业出版社，1999。

（3）用地的朝向或等高线的走向与房屋所需要的朝向有矛盾时，也可以利用种树，采用垂直绿化，乃至利用山包、凸壁等自然障碍物等来达到避风雨、避晒等目的。在个体设计上可以利用锯齿形、凹形、"人"字形等等平面形式以改变开窗方向适应地形要求，如图 4-40 所示。

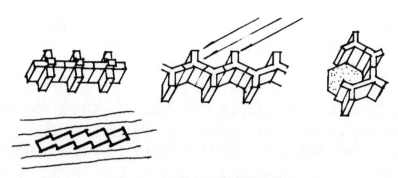

图 4- 40　适应地形的建筑形式示意

也可以采用曲线形、折线形的房屋，或者是按使用可能把房屋分成若干单元再进行不同组合等等，这样也会取得一定的效果，如图 4- 41 所示。

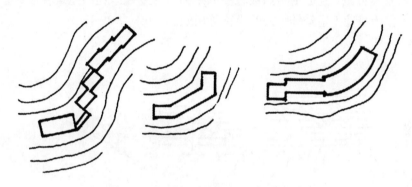

图 4- 41　适应地形的建筑平面组合示意

但采用"凹"字形或"山"字形等的平面时，则应尽量不使其敞口面向上坡，以免形成窝水区，导致积水。

在用地坡度较大的地段，建筑采用平屋顶，前排建筑对后排建筑的视线遮挡可以减少。利用平屋顶布置屋顶花园，既增加户外活动场地，又可增加绿色平面。

3) 建筑物应布置在四周汇水面小的地方，若建筑周围汇水面积大需要设置较大的排洪沟；同时应避开冲沟布置，最好只布置在沟谷一侧，不应跨沟布置或采用暗沟处理。排洪沟要注意上、下游的衔接。

五、日照、坡向与建筑

1. 根据太阳运行，南方地区各坡向日照情况

（1）南、东南及西南向坡为全日向阳坡，温度高、湿度少；

（2）东、西向坡为半日向阳坡；

（3）北、东北、西北向坡为背阳坡，温度低、湿度高。

日照对缓坡影响小，对中、陡坡影响大；从卫生观点来看，全日向阳坡最好，半日向阳坡次之，背阳坡不好。在南方炎热地区夏季防晒是主要的，从防晒效果看南向坡、北向坡最好，东南坡、东北坡次之，西南坡、西北坡较差。东西坡如坡陡，尚可利用高差遮挡

部分西晒,西向坡最不利。此外,在高山、高地日照条件好,紫外线强,但常有雾。

2.坡度、坡向对建筑日照间距的影响

影响建筑间距的主要因素是日照、通风和环境景观,同时它需要满足防火、隔声等要求。布置中应按国家对各类建筑的规范要求确定其合理的间距。间距过大会浪费土地,也增加道路和管线长度,合理地利用地形可以节约用地,如从日照要求出发,在向阳坡上,建筑平行等高线布置,由于地形坡度关系,日照间距可以比平地要小,坡度越大,所需日照间距越小。反之,在北向背阳坡上,日照条件差,日照间距要比平地大,而且坡度愈大,需要的日照间距愈大,用地不经济。此时,为了争取日照,减小背阳坡的日照间距,房屋宜斜交或垂直于等高线布置,或采取斜列式、交错式、长短结合、高低层结合和点式平面等处理手法,如图4-42所示。同时,为了更好地适应地形条件又能获得良好的日照和通风,一般房屋多采用自由式敞开布置,也可采用高大—矮小—高大交错的布置,如图4-43所示;或者是错开布置等方法;建造平均层数较高的不同层数房屋以提高建筑密度;也可以在规划时把背阳坡作为绿地、运动场、公共设施等用地。

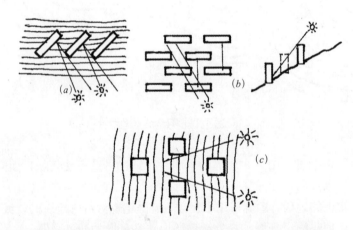

图 4-42　背阳坡利用不同布置方式缩小日照间距示意

(a)斜交布置;(b)行列错开布置;(c)采用点式

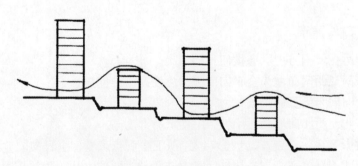

图 4-43　高大—矮小—高大交错的布置获得良好的日照和通风

当坡向为东向坡或西向坡时，其情况则与南北坡不同；当坡向为东西向坡且房屋平行等高线布置，与平地间距相似，在南方主要是考虑解决夏季防西晒问题。

当地形为东西、西南、东北及西北向坡时：如房屋平行等高线布置，东南向坡夏季易防西晒，冬季日照好，对建筑布置有利；西南向坡西晒较烈；东西向坡冬季日照不足；西向坡夏季西晒强烈；西北向坡冬季日照不足，而夏季西晒时间长。

实际上，地形坡度的陡缓变化是不规则的，因此，不论向阳坡还是背阳，均应按坡度的变化来确定不同的建筑间距，才能符合日照卫生要求，以节约用地。

总之，在向阳坡地修建时，为了节约用地，可利用建筑日照间距小的有利条件，布置较高层的住宅；在背阳坡地修建时，当坡度太陡，为了适当减小日照间距，争取日照朝向的同时，宜考虑采用与等高线斜交的方式，如采用斜列式布置；或将行列错开布置，或采用点式住宅等多种方式来相对地缩小日照间距。

建筑间距除着重考虑日照条件外，还应结合通风情况、防火间距和工程间距（如施工场地要求、坡地的自然放坡或堡坎工程占地）等综合考虑，在地震区还要满足防震间距要求。

3. 坡地日照计算

α：冬至日中午太阳高度角；

β：用地坡度角；

H：前排房屋檐口至地坪的高度；

H_1：前排房屋高出后排房屋地坪高度值；

H_3：前、后排房屋地坪高度差；

D：太阳照到墙脚时的日照间距；

D_1：太阳照到窗台时的日照间距；

D_2：D 与 D_1 的距离差值；

H_2：底层房间的窗台高度（包括前后排）。

1）全挖全填，如图 4-44 所示。

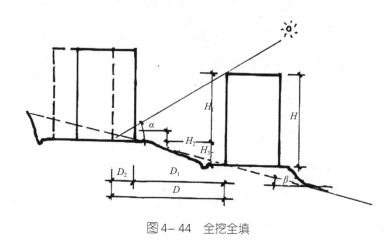

图 4-44 全挖全填

太阳照到墙脚时的日照间距 D：在山地寒冷地区，太阳最好能照到窗脚，以使室内外有较好的日照条件。

$$H=H_1+H_3$$

$$\tan\alpha=\frac{H_1}{D} \qquad \tan\beta=\frac{H_3}{D}$$

$$H=D\cdot\tan\alpha+D\cdot\tan\beta$$

$$\therefore D=\frac{H}{\tan\alpha+\tan\beta}$$

如图 4-45 所示，太阳照到窗台时的日照间距 D_1：

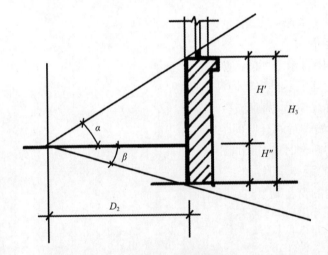

图 4-45　全挖全填太阳照到窗台时

$$D_1=D-D_2$$

$$H_3=H'+H'' \qquad \tan\alpha=\frac{H'}{D_2}$$

$$\tan\beta=\frac{H''}{D_2}$$

$$H_3=D_2\cdot\tan\alpha+D_2\cdot\tan\beta$$

$$D_2=\frac{H_3}{\tan\alpha+\tan\beta}$$

$$\therefore D_1=D-\frac{H_3}{\tan\alpha+\tan\beta}$$

2）半挖半填，如图 4-46 所示。

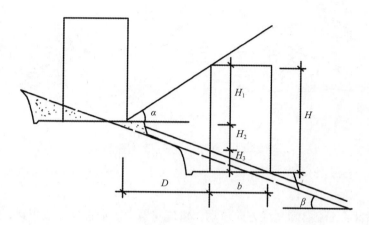

图 4-46　半挖半填

（D—前后排层尾的间距；b—建筑物的宽度）

太阳照到墙脚时的日照间距 D：

$$H-H_3=H_1+H_2$$

$$H-b\cdot\tan\beta=D\cdot\tan\alpha+D\cdot\tan\beta$$

$$\therefore D=\frac{H-b\cdot\tan\beta}{\tan\alpha+\tan\beta}$$

六、建筑通风与地形

1）利用地形的小气候特点创造良好的建筑通风条件。

山地建筑的风气候，除了大气候风（如季风）外，地形及温差的影响产生局部地方风而形成的小气候有时会起主要作用。因此，从节约能源，创造舒适条件出发，必须注意利用地形及其产生的地方小气候。如南方沿江河的山地城镇，一般在夏季气候炎热沉闷，建筑布置时注意利用地方小气候的特点，组织好建筑的自然通风，不仅在建筑朝向和平面空间形式上，而且在采用如高低层混合布置、建筑与庭园绿化结合等手法上，都应该组织和引导风向，创造自然通风条件。

从小地形来看，一般较高的平台及较开阔地带通风较好，洼地多半通风不好。

2）以山丘为例。

如图 4-47 所示，当风吹向山丘时，由于地形影响，其周围产生不同风向的变化，一般分成几个风向区，对建筑物的通风有显著的影响。

（1）迎风坡区：建筑平行于等高线布置，通风条件最好；当风向不垂直时，建筑宜斜交等高线布置，使主导风与房屋纵轴夹角大于 60°，以保证建筑有良好的穿堂风。

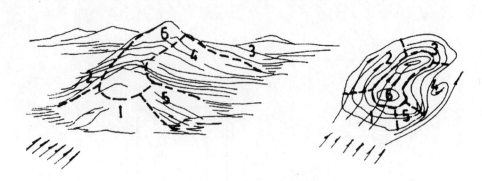

图 4-47　地形形成的不同风压情况

1- 迎风坡；2- 顺风坡；3- 背风坡；4- 通风较差，有时有涡风产生；5- 高压区；6- 多风顶

(2) 顺风坡区：气流沿等高线方向流动，建筑宜斜交或垂直等高线布置，或使建筑平面设计成锯齿形、点状，以争取有利的穿堂风，如图 4- 48 所示。

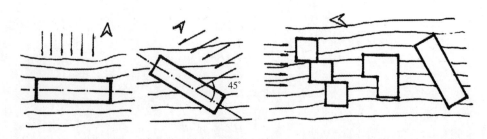

图 4- 48　坡地不同主导风向与建筑朝向之间的关系

(3) 背风坡区：可能会产生绕风或涡风现象。背风向的洼地、山坳夏季最闷热，只一般布置些对通风要求低的建筑。

(4) 涡风坡区：在水平面上会产生涡风，情况严重地段，只布置一些不需要通风的建筑。

(5) 高压区：风压较大，多不在此区内布置高楼大厦，以免提高抗风结构费用和增强背面的涡风。

(6) 越山风区：通风好，夏季凉风大，但冬季注意防风。

山地建筑的布置与通风效果，如图 4-49 所示。在坡地上，相邻建筑之间，若高低悬殊过大，较低建筑屋面所产生的热辐射会增高较高建筑房间内的温度，除非较低建筑的屋面上采取降温措施（作屋顶花园等），或改变较高建筑的门窗位置，或采用绿带保护，或将其建筑退后布置等等，以免受其辐射热的影响。

3) 利用谷地呈带状布置时，应注意谷地的宽窄与气流的方向。因为夏季一般气流的流动比冬季强得多，在城镇上空夏季的烟尘气体极易冲散，而在冬季山谷中会出现气流停滞、烟雾笼罩、不见太阳的情况，对居民的卫生健康极为不利，因此布局时不仅要考虑风的频率，而且要考虑风速和气流的流动情况。

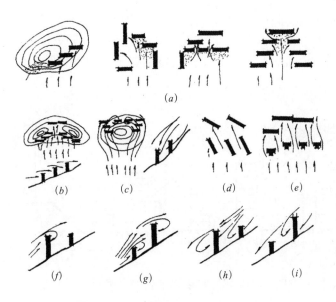

图 4-49 山地建筑的布置与通风效果

(a) 利用和组织高压区产生的侧压力使一部分气流改变方向；(b) 利用地形"兜风"；(c) 利用涡风及绕山风；(d) 利用斜列布置增加迎风面；(e) 利用点式建筑减少挡风面；(f) 在迎风坡上不利情况；(g) 在迎风坡上有利情况；(h) 在背风坡上有利情况；(i) 在背风坡上不利情况

4）利用地形"兜风"。

为了使建筑获得良好的通风效果，山地建筑布置方式还可根据不同的风向、地形坡向及坡度决定建筑的位置和高低，利用地形"兜风"，利用涡流风及绕山风，利用和组织高压区风所产生的侧压力，使一部分气流改变方向，减少挡风面等，如图 4-50 所示。

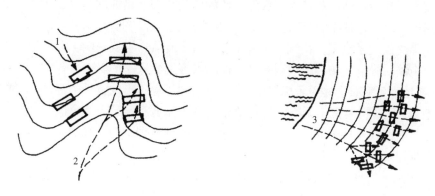

图 4-50 不同建筑的布置可造成"兜风"

1—山风；2—谷风；3—水陆风

5）地形坡度、坡向、风向对房屋间距也有一定影响。如在平坝地区，两房屋的间距 D 与房屋的高度 H 之间的关系是 $D=2H$ 时，通风效果可视为良好；当 $D=H$ 时，则通风效率仅为 50% 以下。而在山坡地区，由于地形有高差，H 与 D 关系发生变化；在迎风坡上，通风条件优于平坝地，因前排房屋檐口至后排房屋地面高差 H_1= 前房高 H − 前后排房地面高差 H_2，D 只需大于 H_1，通风效果可视为良好；而在背风坡上，则通风条件差得多，因为此时 H_1=H+H_2，如果达到 D=$2H_1$，则两房间距就要很大，如图 4-51 所示。

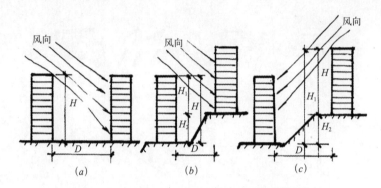

图 4-51　不同地形与风向条件下房屋的间距

(a) 平坝地；(b) 迎风坡；(c) 背风坡

第三节　应注意的问题

一、人工环境与地形的协调

1) 由于山地地形地貌复杂多变，易于造成空间上的无序与零乱，因此在总体布置中更应强调布置的整体性、可识别性、连续性、公共性与场所感的要求。

不使人工环境的结构和秩序与自然环境的结构和秩序相抵触，尽量使城镇空间的功能分区、用地分块、建筑布置等与山体形态相结合，注意建筑群与山石、水面、构筑物、道路、绿化等之间关系协调。在统一中有变化，有主有从，主从分明。在人流汇集处重视视线焦点、街路对景或广场、山地制高点、控制点等重要位置，要注意有视线的对景处理。

2) 在地形不完整之处不可强求中轴与对称，中心也不一定位于中部，一般位于较平坦、开敞的地方；建筑群要集中紧凑，但各单体建筑的标高、轴线、朝向仍可各自为政，没有严格规定。有时在不规则的山地上，也可适当均衡地规划构图，以减少地形的破碎感，使建筑群有规律可循，不零乱、不烦琐，达到环境景观总体效果上的统一。

3) 尊重用地的自然风貌，保留用地的山和水，重视生态保护，形成规划设计的原始起点，使之更具自然特色。对于用地的规划布置，不是先研究在哪里盖房子，而是先要研究哪里不能盖房子。要从建筑的人工环境与自然环境两个系统中找出方向、焦点、坐标轴等的统一，以求得和谐。

二、掌握地质钻探资料

1) 避开不良地质地段，将层数高，施工复杂，有深基础或荷载较大、有震源的主要建筑物布置在地质良好地段；在岩石、坚硬土壤上建房，可以提高建筑层数；将次要的、较小的、层数较低的建筑布置在土质较差的、坡坎多的地段；一般的道路、广场，或水池等辅助建（构）筑物可布置在填方或土质较差的地段，并注意边坡的稳定，避免塌方。

2）避开河道、泄洪平原、湿地，以及陡峭的易侵蚀斜坡。

3）应对崩塌、滑坡、断层、喀斯特等地质不良现象予以特别重视。

4）通常建筑是在挖方上修建。从岩层纹理上分析：在岩层背斜地段及岩层与走向线成较大交角处，这些地方开挖后不易发生倒塌，宜于布置建筑；但在向斜地段，就不宜开挖或尽量少在坡脚开挖，应提高建筑 ±0.00 标高，或布置低层建筑。

三、组织开放空间，扩大户外活动场地

山地空间环境相对地说，封闭性较强，坡坎多，户外活动场地小，因此在空间组织中一方面需要为单位和居民活动提供心理感知较强的庇护场所，另一方面应尽可能利用地形高差组织开放空间和扩大户外活动场地。

1）要统一开发，避免小块、分散建设，各行其是，给公共场地布置，电力、电缆、给排水、垃圾、厕所以及抗震、防洪、室外工程等设施的安排带来困难。

2）中坡地、陡坡地宜多组织半边街。建筑群的布置宜防止相互的视线阻隔与干扰，但要强调通达，避免组织封闭街巷，以形成开敞流动的空间感和通透的景观面。

3）利用平屋顶和采用平台体系，扩大户外活动场地。山地建筑空间的模糊性强，常采用特殊的三维物业界定法：即下面建筑的屋顶可能是上面建筑的平台或公共走道，邻居之间在诸如结构墙体、入口通道，污水排放等方面常常是共用的，以至于不可能界定一户的所有权从哪里结束。

4）巧妙地利用地形高差，利用天桥形成中层入口，用室外阶梯代替室内楼梯，使建筑物获得内外相互穿插的亦内亦外模糊的空间环境，不仅可以使楼层直接和室外联系，达到舒适安全的目的，而且可以节约室内楼梯和走道面积，并可在不采用电梯的情况下适当提高建筑层数。

利用坡坎和绿化分割空间，尽量少采用实围墙，使相邻空间相互渗透，视觉通透性强，减少压抑感。

四、局部地形的利用

充分利用一些局部地形，可事半功倍地取得良好效果，如图 4-52 所示。

1）利用山丘、陡坎地形为天然屏障，布置油库等易燃易爆仓库或车间，可以缩减防火安全等的防护间距。

2）将有噪声或有震动的建筑或声源布置在低凹处，把要求安静的建筑布置在高处，使低处噪声易于反射消除，可减少其对邻近建筑的影响。

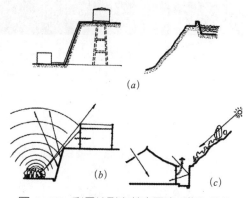

图 4-52 利用地形高差布置建（构）筑物

(a) 利用高地布置水池；(b) 利用高坎防噪；

(c) 利用地形防晒

3）利用台阶、堡坎、植被等，可有效规避不利干扰；利用低地、台地，可以按建筑需要修建地下室或半地下室。

4）利用自然坡度可修建体育场、表演场地看台。

5）利用天然高差组织下沉式道路，这对控制噪声传播，缩短防护距离等都会收到良好效果，如图 4-53 所示。

6）利用低处布置有污染的设施（如污水处理设施），可减少它对其他建筑的影响。

7）利用地段最高供水点的山头、山坡，布置高位水池可以借重力供水，减少运行费用。

图 4-53　可防噪声的下沉式道路

五、建筑体形尺度与地形关系

建筑的体形是根据建筑的功能、用地条件、环境关系等来决定的。用地形状常决定建筑平面的各部分尺寸，土壤承载能力也常决定建筑的层数，有地下室设施的建（构）筑物宜布置在地下水位较低的地方等。不追求不合实际的建筑造型，不强求布局的完整对称。

在用地完整地段，可布置大型的较集中的建筑组群，在零星边角地段，可采用填空补缺的办法，布置小的、分散的或点式建筑，如图 4-54、图 4-55 所示。

图 4-54　按不同地质、地形条件布置不同建筑物示例（一）

图 4-55　按不同地质、地形条件布置不同建筑物示例（二）

第五章　景观与绿化

　　城镇内外不同的山体、河流、湖泊、田野等景观元素，对形成独特的城镇景观有着显著影响。不同地形的不同人工空间环境与运用当地特有的乡土植物，对塑造出层次丰富的，山、水、城、田融合在一起的人间佳境，是可能的和必要的。山地的地形和地表肌理的丰富变化，使山地城镇景观具有独特的特征和韵味；山地城镇中人对空间的独特的场所感、占有感、共享感和回归自然感，应该比平地城镇更容易创造。

第一节　特征与意象

一、景观特征

　　1)地形变化在使用上、视觉景观上，产生有区别于平地的突出个性。一般有以下几方面：

　　(1) 变化性。地形常使城镇空间景色层次丰富，变化万千，空间任何一点都具有三维量度。

　　(2) 流动性。与平地相比较，坡地空间多富有流动性。

　　(3) 方向性。空间由于其坡向不同（如南向坡、北向坡等），反映出强烈的方向性；锥形山丘具有较强的放射性，而凹形的山体或谷地有较强的向心性。

　　(4) 眺望性。在坡地上各点向外眺望，展示面大，比平地能获得更为开阔的视界，易于显示各种场景。

　　2) 地理形态的多重性，各种形态地理环境的互补，相生相和，生机盎然。

　　(1) 山地城镇中，自然环境形态的多变，平地、山地、水体、林木、田野的多样性，提供了人对环境选择的多样性，景观变化丰富。这种多重性实际上是建构了一种多重性的生态环境，也易达成生态的平衡。

　　(2) 多重性的城镇环境还能呈现出视觉环境的美妙，山水成趣，不同植被和不同山形导致景观要素的多重以及景观构图上的多重。

　　(3) 地形高差多变，山岳、坡地、谷地、山岭、河流、瀑布、跌水、溪流、树林、田野、绿地……以其自身的特征构成了丰富的天际轮廓线及优美环境。

　　3) 建筑、街路、小品等人工环境与自然环境有机融合，互为衬托。

　　(1) 建筑物等有规则的形状和山体、树木等不规则的形状相对比。在布置中有疏有密，有对称也有不对称，但总的看来却又是调和的构图，构成动态平衡，使山地城镇呈现各不相同的独特风貌——自然、活泼、富有地方趣味和有生命气息。

　　(2) "开"、"合"交替的空间序列。山地城镇的街路，根据地形变化，自然延伸，曲折多变，可形成空间形态步移景变，"开"、"合"交替的多种空间序列，且利用山体自然空间的蜿蜒流动，与自然分割，组织不同的空间领域，形成"柳暗花明又一村"的空间效应。

（3）地形形成的自然轴线，给建筑景空创造提供了非常独特的条件，加之建筑设计中错位、错层、错列的处理与台、挑、梭、坡等方法的运用，使建筑具有更多形姿；各种地方材料的运用，建筑出入口的不同处理，室外踏步、堡坎、护坡、下沉式或平台式的室外小院、拱桥、曲路等等的设置，有意无意地构成了似景园建筑的独特风貌，耐人寻味，如图 5-1、图 5-2 所示。

图 5-1　攀枝花凤凰小区总体形态设计

来源：毛刚.西南高海拔山区聚落与建筑 [M].北京：东南大学出版社，2003。

图 5-2　渝中半岛

来源：毛刚.山地栖居 [M].北京：中国建筑工业出版社，2010。

二、景观意象

1. 层层叠叠

山坡上城镇的整体效应是：建筑层层叠叠，街路曲折多变，在以山为背景的映衬下，更呈现出丰富多变的天际轮廓线与多层次的主体景观。

2. 曲折有序

山曲、水曲、路曲，建筑随地形灵活布置，它结合绿地的非理性布置，刚柔相济，曲折幽深。曲折有致的内涵，象征着有情、簇拥、含蓄的城镇景象，并使各城镇由于地形、地貌等条件的不同而不可能有雷同的景貌。

3. 深邃含蓄

半上半下的高楼，半空半实的"吊脚楼"，以及弯曲的街路、旱桥、半边街、梯道、堡坎等相映成趣，人工与自然浑为一体，深邃含蓄。山地上的建筑群改变或加强地形的特征，呈现出不同的场景：

1）位于山坡脚的城镇可形成山的基线，陪衬出自然山形，如图 5-3 所示。

图 5-3　山坡脚的城镇

2) 山腰的城镇能打破自然的轮廓，使空间面貌产生戏剧性的变化，如图 5-4 所示。

3) 山顶城镇可成为山体的组成部分，加强自然山势，从而也增加了城镇的气势，如图 5-5 所示。

图 5-4　山坡上的城镇——自贡市城区一角

来源：饶维纯.建筑速写 [M].昆明：云南科技出版社，1997。

图 5-5　布达拉宫（北面）

来源：饶维纯。建筑速写 [M].昆明：云南科技出版社，1997。

第二节　构 景 方 法

一、构景思路

山地城镇景观的构成应强调全局观念，不仅把城镇作为整体，而且把它放置于相应的区域景观之中；不仅考虑地理、地势，而且考虑政治、军事、交通、经济等因素，在城镇景观布局上，综合研究其宏观大势。山地城镇更有条件遵循城镇与"反城镇"的原则，打造"城镇的花园"和"自然中的城镇"。

1. 从区域景观、近郊[1] 景观入手，与城镇景观有机结合，进行合理布局

一方面是研究城镇周围方圆几十里范围内的山、水环境及其对城镇的影响作用，如云南通海县城位于秀山之南，其北部为杞麓湖，为了使区域景观与城镇景观相呼应，城内的一些重要建筑物的中轴线和朝向均改变坐北朝南的常规，而采用坐南朝北，朝向杞麓湖，并将城镇周围的有利自然景观要素，通过人文景观要素的组织、引导（如建纪念性、标志性建筑物或亭阁等手法），使其互成对景，相互呼应，为城镇主体服务。另一方面，结合城镇总体布局应考虑，在现状土地利用的条件下，有计划地打造城镇周围农地的花田景观、艺术稻田，打造山体的粗朴石林以及体现大自然之美的现代大地景观。可结合需要，设置低碳的郊野公园、花田公园、生态农田公园、果岭公园、山地运动休闲公园等。

---

[1]　按传统，城外百里以内称"郊"。

2. 尊重自然、因借自然

1) 山地城镇景观价值大小,主要取决于在它尊重自然、因借自然的程度,以及总的风格、特色和其共生关系;即如第一章用地选择原则中所述,要建立山、水、田与城镇的共生关系,气候与地形的共生关系,绿化与土壤的共生关系,人与自然的共生关系等,使人居环境中人工环境与自然环境共生。如图5-6、图5-7所示,桂林小东江区总体设计中充分重视人工环境与自然环境的联系与呼应:一是建筑面向周边优美环境,组织开放空间;二是组织视廊,使主要街道与空间轴线与自然环境中的主要景物相应对。

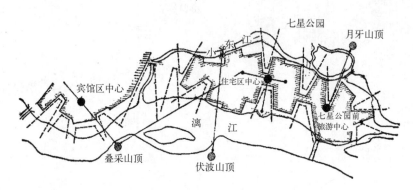

图5-6 桂林小东江区总体设计(人工环境与自然环境关系图)

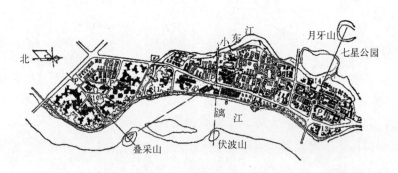

图5-7 桂林小东江区总体设计(总平面图)

2) 控制建筑高度和体量。对建筑高度和体量控制的目的,是为了弱化建筑,强化自然,寻求建筑与山水的"视觉和谐"。

3. 注意空间环境的整体性、适应性、层次性和有机性

以建立和保护视廊作为景观规划与控制的主要手段,形成多样、多层次、有个性的山地城镇景观。其中,应突出以下景观内容:[1]

1) 眺望景观:包括城镇内外地标景观和从地标向外眺望的景观。

---

[1] 《山地城乡规划标准体系研究》项目组.《山地城乡规划标准体系研究》开题报告[R].重庆市规划局,2011。

2) 视廊景观：视廊应包括观景点与景观对象相互间的通视空间及景观对象周围的环境。

3) 空间环境景观：层层叠叠，主要规划控制突出的、点状或片状的、依附山体层层叠叠的、结合自然环境的人工建（构）筑物（包括山地步道、缆车、索道、观光电梯等）的空间环境景观。重视全貌和总体轮廓。

4) 街路景观：主要是突出山地城镇街路所呈现的自由格局，以及曲线与直线组合的柔和美的舒缓感。对不同性质、交通特征、位置及宽度的街路应作不同的处理：

（1）交通性道路（包括快速路）：应从连续、动态的视觉效果出发，把握其景观的序列变化及总印象，利用山峰、陡崖、江河、桥涵、森林以及历史文物古迹、标志性建（构）筑物、大型广告牌等为借景，增加其趣味性与变化。其线形应流畅、简洁。

（2）生活性街路：其景观应按居民的活动方式，反映出当地浓厚的生活气息，把城镇的历史景观、人文活动、山地文化与各种自然元素紧密结合起来。山城各种形式的步行街，最具山城特色，宜人的街巷尺度与广场，可以激发人们的公共活动性，缩短人的社会距离，增添生活情趣和场所感。

5) 农地、山林、绿化等区域景观：包括城镇周围的面山规划与控制，城镇内外立体绿化和基本农田等，并形成景观对象。

4. 提炼和塑造自身的城镇特色

1) 山地特色包括城镇自然因素和社会因素两个方面：自然因素有无形和有形两种，社会因素有城镇性质、产业结构、经济特点、传统文化、民俗风情、城镇物质空间等。它们之间相互作用相互影响，共同决定着城镇的特色。

2) 在规划设计中，应该把山地自然生态的多样性作为形成特色的基础，利用空间立体性、多层次性作为景观表现的手段，再加上当地的文化因素，以提炼出每个山地城镇自身的特色。

3) 在规划设计中，应做到：因地制宜、因势利导，从整体出发，多设置开敞空间、城镇阳台、视线走廊，借山、引水入城（有条件情况下）、引林入城（绿楔），以形成山、水、城、田有机结合互为呼应的、独特的生态景观体系。

5. 处理程序

1) 在水平方向上，以城镇景观为中心，逐次向近郊和区域展开；景观组织上，由城区的精雕细刻到区域选取，旷野略景、主次分明。

2) 在垂直方向上，从水面、平地、丘陵，直至山峰绝顶，考虑从各种俯瞰、仰视、平视中获得丰富的景观形象。

3) 在历史进程中，城建过程中，保留人文景观内容，如古建（构）筑物，摩崖石刻等为城镇发展留下实物证据，为城镇景观增加丰富文化内容。

4) 使景观内涵富有哲理，外形注重意象。景物形象要形势结合，而不是孤立地去表现单体建筑本身的完善、奇特，要凭借周围的自然环境，"因地构筑，借景而生"，以群体组成一个和谐的空间。组合中，建筑的布置讲究主客层次和虚实对比，追求内在的理想，如做文章一样，"起"、"承"、"转"、"合"，结构层次分明。

由于地形的多变与阻隔，因此山地城镇的开放空间更成为景观设计的重点，并应将公园、绿地、广场、步道、水体溪流、运动场等地串联成为一个开放空间系统。

二、山体景观元素的利用

山，是城镇空间的整体依托与背景，对山的运用成为城镇空间景观的最大特色：一方面可以通过视线走廊把城镇外的苍山秀峰，通过因借引入城镇内部；另一方面主要是依其所在部位的地形，与建筑、道路、绿化等相互配合，创造出优美的景空。

1. 城镇周围山体作为城镇远景透视和背景

1）与城镇毗邻的延绵的山峦，宛若锦屏，秀山、奇峰更可借景。应将它组织到城镇空间中来。为此，应留出景视走廊，避免高大建筑物等遮挡住视线。其可视度，最少应能看到山体高度的 1/3。

2）在制高点和控制点，巧妙地布置点缀一些人工建筑物，可作为进入城镇的预示和标志，丰富城镇景空内容，并以此加强对城镇空间的限定。合理利用制高点和控制点，不仅可使城镇有更生动的变化，而且站在制高点上鸟瞰全城，可以得到理想的景观效果。

3）山（特别是山峰）也可作为城镇定位控制和构图的主要因素，使它成为人们视线的焦点与欣赏对象，具有很高的审美价值和导向作用。如桂林、丽江等市街道多以山峰为对景，形成了很好的街道景观，也使道路系统明晰易辨，有助于对城镇的感知。

2. 保留山的自然美形象，构成城镇佳景

1）按自然地形来布置建筑和空间，体现城镇的自然品质。形成街路盘山而行,曲折蜿蜒；建筑物、构筑物高低错落、鳞次栉比等景象，对城镇空间、建筑景观的创造有很大的裨益。

2）山脉和陡坡往往可成为城镇良好的轮廓线；建筑物按照山势布置，也可以形成高低起伏和谐的轮廓线。为此，应留意山势的整体变化。

3）地形有种种姿态，它蕴藏着复杂的几何学，掌握这门几何学，可以获得创造形象的启示，形成独特景观。但这个几何学并非图形学，而是研究光对形影响的几何学。结合建筑群的朝向与光影变化,能使城镇景观更具吸引力。所以传统中强调阴阳朝背，追求水、木、金、火、土的顺通，使空间环境在不同时间内具备阴阳双重性等。特别是当地形坡度较大时，向阳坡与背阳坡的景观有明显的区别，此时日光、阴影、风、雨等对景观规划设计有很大的影响。

3. 突出山地城镇景观的人工美

1）地形起伏为人们提供各种仰视、平视、俯视条件，可以多角度领略城镇风光，获得多层次的全景。为此，在俯视条件下，可不通过其他特别控制反映群体空间的图性，讲究韵律和美化屋顶立面；在仰视条件下，可结合视点与视角的情况，用各种无阻观赏、半遮掩式观赏来探索观赏的条件和效果，以获得预期的构想。

2）利用地形高差、远近、上下相互叠错，空透而不严实，开敞而不封闭，漏而不阻，精巧而不肥大，雄秀兼备，重点与一般兼顾，滨山与山体绿化兼顾，半边街、旱桥、坡梯道等等的采用，显示城镇景观的人工美。

3）利用地形高差，构成瀑布、喷泉、滴流与涟漪等多样的、理想的水体，使景观更具魅力。

4）摩崖石刻。即充分利用山地悬崖陡壁加以人工的雕琢和凿刻，在自然环境中融入人文因素，创造出有人文山水意境的景观效果。

因此，规划时要注意：在人流视线集中地段，如交叉口、高丘、峰坎、街路底景、城镇的入口等处的视景效应。但在项目安排上要避免人流过多而发生交通堵塞。

三、水体景观元素的利用

1. 因水得佳景

有山必有水，山地城镇中的水体大至江河、湖泊，小至水池、流水，它是城镇景观组成中最富有生气的元素，"因水得佳景"。

1) 水面造成的景观效果要比一般土地、草地更为生动，或辽阔、或蜿蜒，有宁静的水面，也有热闹的急流与喷泉，大小变化，气象万千。

2) 水面造成倒影，能增加景深，扩大景面，造成实空间的夸大和强化，产生的阴阳画面的交相辉映美不胜收。不仅是广袤的自然水面能够反映城镇风光，即使是一潭水池，也会有迷人的感觉。

3) 江河、湖泊的水边，是人们饱览胜景的最大源泉，是居民休息，画家、情侣、野餐者和垂钓人留恋的场所，也是社会景观动人的场所。

4) 用水把不同空间联系起来，比道路联系更生动。水的"柔"与建筑的"刚"，水的"动"与建筑的"静"，形成强烈对比，使景象更富情趣。

5) 有水必有桥和涵。不同材料、不同形式的桥涵，各种直桥、曲桥、廊桥和构架桥、拱桥、索桥、吊桥等，不仅具有交通和纪念等功能，也使城镇景色倍增。

6) 由于江河湖泊对自然地貌的冲蚀作用，可以形成许多特殊的景观，如沱、坝、滩、咀、洲、矶、渚、岛等。由于它们的特殊形式，常可作为重要的景观表现地段而加以利用。

7) 江河湖海气势宏伟，景面宽阔，是构成城镇景观总体风貌的重要部分；而小水则是构成近景、细部景观的素材，具有近人的尺度，充实与活跃着城镇空间的面貌。

8) 山地一般具有错综的山系和水系，构成了无数冈峦与沟壑相间的地形，因此最适合于修建塘堤和山谷水库等工程，从而实用而经济地形成了美化景观的环境特殊条件。

9) 山地地势起伏变化大，容易获得较大的落差，因此在可能的情况下设置飞瀑、跌水是很有成效的。同时，水流动和跌落时所产生的悦耳声音，也是城镇景观的一个重贵因素。

2. 水体的利用目的

1) 是作为空间的联系体，还是景观的焦点，不同利用目的的水体，处理方式要求不同。

2) 选址时应与周围环境配合，考虑风向等小气候条件。应避免将水体设置在尘土飞扬易污的地方。

3) 不论何种形式的水体，都必须定期清理。同时，应考虑循环使用，补给由于蒸发等的损失，因此，水体必须易于管理和节约能量。

4) 在考虑水的艺术观赏的同时，还应考虑其实际使用价值，如作为消防水池或建筑空调系统的冷却水池等。

3. 动静水景处理

1) 规划设计中要为水体创造以下条件：

（1）近水。山地自然水体常有较大的落差，若离开水面很高、很远，又少流动，就难于为居民服务。

（2）亲水。若要水景给人以良好的印象，首先在直观上要求水质清洁，让人乐在此嬉戏。

（3）搞好驳岸、水边绿化与小品设计。避免采用呆板的处理方法，避免使陆、岸、水三者分离的任何处理。

（4）有条件情况下，宜采用不同的处理方法，以造成水体的不同性格，如动水或静水等。

2）水景处理方法：在水景的处理中常采用映、融、引的方法。

（1）映，是把水当作镜面。在主要水面的周边布置建筑、台榭、桥亭、花木以及其他景物，使实景之下有镜花水月映衬和水面倒影，隔水望去显得更美。

（2）融，就是协调景物。水具有非常奇特的功能，它能使原本杂乱无章的、互不调和的景物变得很和谐优美，使各种景物显得不拥塞零乱。这里水面起了不可替代的重要作用。

（3）引，是对人们注意力的吸引。借水口和溪流绕山而去的景象，将人们的视线和想象引到空间以外的另一个层次。

4.滨水建筑景观处理

1）滨江、河池地段的建筑、街路，应尽量采用半边街的布置方式。建筑等面向水体，使城镇空间与水面空间能相互沟通，切忌把建筑背向水面，甚至把水体作为后院使用。

2）临水建筑应根据其性质，考虑水面的宽度、地形与驳岸和环境关系，可采用错跌、附坎、吊脚、悬挑、架空等方式处理，以形成生动有趣的景观场景，如图5-8所示。

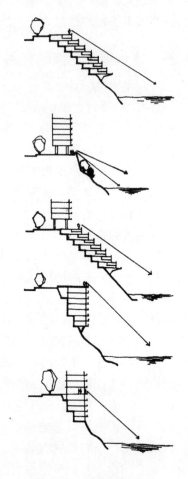

图5-8　岸边建筑处理

3）如在水边布置多层或高层建筑，则宜采用点式或塔式建筑，以体现其轻盈和空透，且应布置灵活，切忌使用体量高大而又造型、布置呆板的建筑，更不宜大量地堆集。如图5-9、图5-10所示，为广州珠江帆影布置方案与纽约湖滨公寓，都是成功的范例。

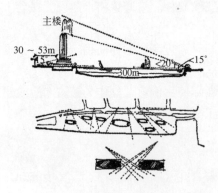

图5-9　广州珠江帆影布置方案

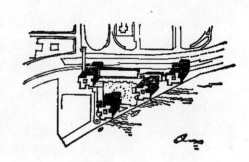

图5-10　纽约湖滨公寓

4) 如图 5-11 所示，凹岸线空间由于视线联系很强，所以应注意建筑物间的相互关联性和整体性，考虑构图的需要，沿凹线的中点，向水面延伸，可形成天然的构造轴线，其两侧注意相互均衡的构图关系。

5) 凸岸的视线是扩散的，内部间联系较薄弱，但这种伸入水中的凸岸，半岛的尖端部分是非常具有表现力的地方，可以获得良好的外部景观。

6) 沿河两岸景观的联系程度，是依河道宽度而转移的，当河道很宽，特别是两岸的高度不同，建筑布置离水体较远时，建筑物彼此联系较为薄弱，主要应着重轴线或风景线的联系，通过街路、主要建筑物布置，桥梁及绿地互相交错、彼此呼应；当河道较窄时，河岸行人能较容易地同时感觉到河岸两边建筑的面貌，彼间联系密切，这时，两岸建筑不仅要在风格上协调一致，而且有必要像设计街路两边的建筑一样整体考虑。

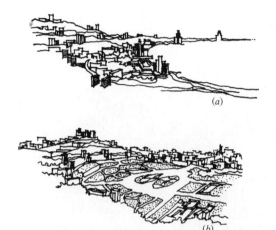

图 5-11 凹岸、凸岸景观特征
(a)(b) 凹岸景观；(c) 凸岸景观

7) 注意水边的建筑性质与工程布置要求：

(1) 可将商业、零售和公共建筑融入此开放空间区段，但要避免过于商业化，影响水边的社会公共职能。

(2) 必须考虑城镇防洪的需要。

(3) 高原江湖与人工水体要充分考虑水体的蒸发与渗透，注重水源的补充，并避免水体的富营养化状态。

(4) 要融入地方文化，实现自然景观与人文景观和谐共存。

(5) 考虑水边建筑的天际线控制。根据水体的大小确定水边建筑的高度（层数），一般是前低后高，逐渐后退，但也不要全部这样，应适当有变化，以丰富空间构成。

(6) 重视沿水边道路交通的组织，尽量做到人、车分流。

(7) 考虑水边地面的自然生态景观容量。

(8) 尽量降低滨水区建筑密度，或将滨水建筑一、二层架空，或采用吊脚楼形式，为水陆风保留良好的自然通风道，并使滨水区空间与城镇内部空间相互通透。

(9) 考虑水边建筑、街道的布置方向，以形成风道引入水陆风，并根据交通量和盛行风向，使街道两侧的建筑上部逐渐后退以扩大风道，降低污染和温度，丰富街道立面空间。

5. 驳岸处理

在条件许可下，应尽量推广生态驳岸，如图 5-12 所示。生态驳岸是指恢复后的自然河岸或具有"可渗透性"的人工驳岸，它可以充分保证河岸与河流水体之间的水分交换和调节，同时具有一定抗洪强度。

图5-12　几种驳岸处理举例

生态驳岸一般可分为以下三种：

1) 自然原型驳岸：主要采用植被保护河堤，以保持自然堤岸特性，如种植柳树、水杨、白杨、榛树以及芦苇、菖蒲等具有喜水特性的植物，它们有舒展的发达根系可以固稳堤岸，增加其抗洪、保护河堤的能力。

2) 人工的自然型驳岸：不仅种植植被，还采用天然石材、木材护底，以增加堤岸抗洪能力，如在坡脚采用石笼、木桩或浆砌石块（设有鱼巢）等护底，其上筑有一定坡度的土堤，斜坡种植植被，实行乔灌草相结合，固堤护岸。这种驳岸类型在我国传统园林理水中有着许多优秀范例。

3) 多种人工自然型驳岸：在自然型护堤的基础上，再加用钢筋混凝土等材料，以确保有大的抗洪能力，如用钢筋混凝土柱或耐水圆木制成梯形箱状框架，并向其中投入大的石块，或插入不同直径的混凝土管，形成很深的鱼巢，再在箱状框架内埋入大柳枝、水杨枝等；邻水侧种植芦苇、菖蒲等水生植物，使其在缝中生长出繁茂、葱绿的草木。

四、景空处理要点

山、水、城、田是山地城镇最基本、最重要的景观元素。田园淳朴、自然开阔的特性是山地城镇特色和魅力所在，在景空处理中要特别注意以下各点：

1. 注意城镇所处山体位置

由于城镇所处的山体位置不同，其景空的效果也不同。山体一般可分作三段，即山巅、山腰和山麓。在规划上不仅要考虑"取势"、"形胜"，使城镇在视觉上产生愉悦感；同时要注意其山体与城镇的大小、形状、色泽、肌理等的配合，创造出天然与人工结合的神奇景象，形成每个山地城镇特殊的景空效果。

2. 抓住有成景效应的制控点

山地城镇佳丽景貌的创造在于它能够充分发挥其丰富的大地立体构造：能让人们登高眺望，以开阔视野与心胸；能仰视观望，而充满期盼；能突出山峰姿态，以其为地标，起空间的界定作用，并控制好天际轮廓线等。因此，要特别重视抓住总体上有成景效应的制控点。

1) 制高点：城镇周围最高的山峰顶，常作为城镇的起景点而偏居一侧，其上设置塔、亭轩或特殊建（构）筑物，控制着整个地域环境，起到空间的限定作用，如图5-13所示。

N
1. 电视塔；2. 五华山；
3. 胜利堂；4. 正义路；
5. 近日楼；6. 金碧路；
7. 金马碧鸡坊；8. 西
寺塔；9. 东寺塔

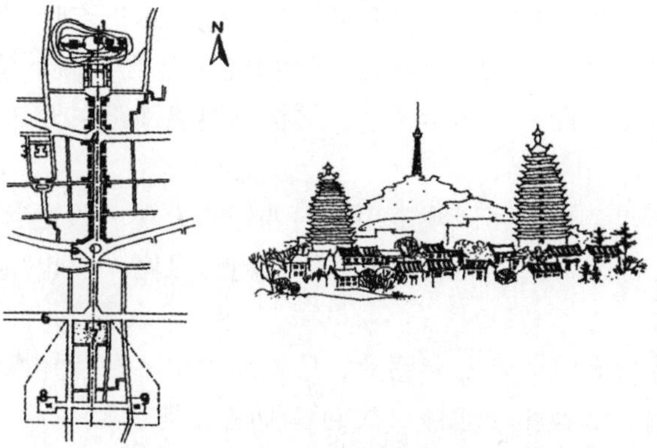

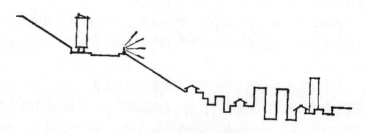

图 5-13　昆明传统中轴线上的制高点

2)俯瞰点：地势突出，可以俯瞰全城或局部地区，对空间的展示有着重要意义，如图 5-14 所示。

图 5-14　俯瞰点位置示意

制高点和俯瞰点也可能是城镇内高层建筑的顶层或纪念性建（构）筑物的顶部。

3) 控制点：位置突出，易形成视线焦点，可在整个或局部环境中起景观的控制作用，形成综合立体结构，使城镇有更生动的变化感觉，可以得到理想的景观效果。

4) 转折点：是视线突变和转换的点，同时也可起多方位的控制和对景作用，常用此外设置被观赏的对象，形成吸引人视线的中心，同时可以作为对周围环境的观赏场地，如图 5-15 所示。

A
B
C
D
E
2
3
4
5
视线 C
行进路线

图 5-15　转折点示例

图中
A、B、C、D、E：视点
1、2、3、4、5：景点

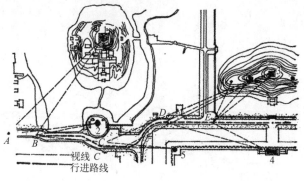

　　空间的转折主要有水平转折和竖向转折两种。当人处于转折点时，获得的景空信息量最大，常会产生步移景异的效果，因此，传统的居住中心或重要成景的建筑物常位于此处，它更能吸引人，给人留下深刻印象。当然，这种转折点要靠街路引导，街路的水平转折与竖向转折相互交织成景点。

　　地形高差点也是转折点，在此可以观赏用地内外好的景观，低处点，可以仰视高地的群体建筑景观；高处点，可以俯视低处的建筑群体与庭园绿化。因此，在这些点位，应设有观景休息场地。

　　5）特异点：由于异特给人以清新奇异感受，巧妙地利用各种特异点，包括城镇内外的奇峰、异石、悬岩、陡壁，以及由于水流形成的各种沱、坝、滩、洲、矶、渚、岛等特殊形式的场地，都有可能营造成特殊景观。

　　规划时要注意山地景观的多维性和视线的多样性，各种仰视、俯视、混合视条件的利用，在人流视线集中地段，如交叉口、高丘、峰坎、街路底景、城镇的入口等处的视景效应。但在项目安排上要避免人流过多而发生交通堵塞。

　　3. 重视地形轮廓线的影响，保护原有山地景观地貌

　　1）尽量保护地区原有的主要地形、植被、野生动物、水文特征、景观品质和开放空间，以大自然为基景，利用并融入建筑群、人工构筑物等，组成丰富的立体构造景观。

　　2）利用山体（山峰或山脊）示明城镇空间，利用高地、丘陵、谷地、山坡、城边的大面积绿地（风水林）以及种种水体来衬托、突出空间的界域。

　　3）控制好天际轮廓线。这种控制应结合用地的容积率、建筑高度限制及景观处理等进行；要注意建筑等所建成的人工天际轮廓线与地形等所构成的自然轮廓线与新地形的关系，使其两者相互配合，尽量做到少改变或不改变原有地形景貌，以构成自然和谐的整体景观，如图 5-16 ～ 图 5-18 所示。

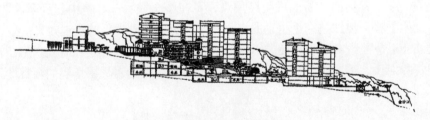

图 5-16　攀枝花中心广场设计

来源：毛刚.西南高海拔山区聚落与建筑 [M].南京：东南大学出版社，2003。

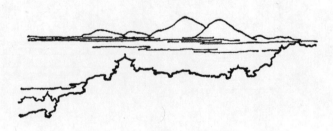

图 5-17　武汉大学天际轮廓线

图 5-18　重庆某区天际轮廓线（设计）

来源：同济大学建筑与城市规划学院，重庆大学建筑城规学院编．基于工业遗产保护的滨水区域城市设计 [M] 北京：中国建筑工业出版社，2003。

（1）建筑轮廓线低于山势轮廓线者为最佳；

（2）建筑与山势轮廓线交叉起伏为良好；

（3）建筑轮廓线高于山势轮廓线者，要慎重处理；

（4）最忌讳的是建筑轮廓线与山体轮廓线近似和同高。

起作用的轮廓线往往是山形与建筑群的叠加，有时为了充分利用山形突出中心建筑，可在山顶建立巍峨高耸的主体建筑，如拉萨的布达拉宫；又如武汉大学，是以建筑与珞珈山紧密结合而成，显出相得益彰，具有文化气息的轮廓线形象等等。

城镇轮廓线的另一种有趣景象是在夜晚灯光照射下，和黎明、黄昏时朦胧阳光照射下的观赏，此时会提高其艺术的感染力。为此应提供适合的观赏空间和距离，以达到更好的视觉效果。

城镇中由于各物质要素之间相互遮挡，常使视线不能开阔，因此在组景中，常需考虑其景观视线走廊的保护，或结合藏露手法组织景观。

4. 不同地段的建筑景观处理

1）山顶、山脊、山冈上的建筑景观处理

在山顶、山脊、山冈或高地上修造建筑，群体轮廓线以天空为背景时，除要求有完整的、富有表现力的外貌外，建筑群体中大型、高层建筑物的布置和制高点的利用等对于整个立体轮廓线的影响特别突出，必须慎重考虑。

（1）在山顶的建筑景观处理：

常采用超越型建筑，它可取高高在上之利，烘托建筑的气势，视野开阔，居高临下，使周围自然景色与建筑组成一体，形成突出的景观，如图 5-19、图 5-20 所示。

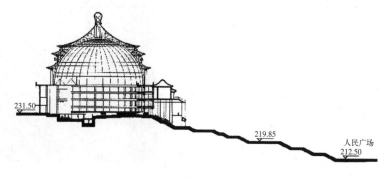

图 5-19　重庆市人民大会堂

图 5-20 纪念碑式都市——法国圣米歇尔城

（2）在山脊、山冈上的建筑景观处理：

一种是服从山势，横向发展（沿山脊布置），盘踞山巅不作过分的突出。

一种是改变山形构图或弥补山势不足，或突出强调山势的倾向作高耸的处理，如图 5-21、图 5-22 所示。

图 5-21 服从山势，横向发展的
建筑景观处理示例

图 5-22 改变山形构图的建筑景观处理示例

2) 山腰、坡地建筑景观处理

首先，应注意建筑群体与背景山体的体量所构成的比例关系，一般是使建筑不致产生压倒山势的感觉，也不致使建筑为山势所逼而显得局促。其次，应该将建筑群体的韵律与山势相协调，必要时可利用植物配置使建筑与山体取得和谐，如图 5-23 所示。再次，由于山腰坡地中也有凹凸沟谷情况，此时宜将建筑布置在凸脊处，而不宜布置在凹谷处，如图 5-24 所示。

图 5-23 坡地建筑群

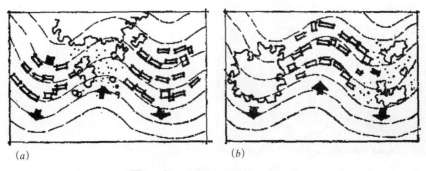

图 5-24　山腰、坡地建筑布置

(a) 建筑布置在凸脊处——好; (b) 建筑布置在凹谷处——差

陡坡地上宜采用"小"、"散"、"隐"的融入型的建筑，与树木、草皮、岩石、水体等有机结合，以创造宁静、舒美的宜居环境，如图 5-25、图 5-26 所示。

图 5-25　陡坡地建筑景观（一）

图 5-26　陡坡地建筑景观（二）

坡地，建筑应前低后高，强调地形的起伏，不相互遮挡，使其获得良好的视野和日照，此时建筑物前宜种灌木，也不宜太高，乔木宜疏植，不遮挡建筑物。 此外，应注意处理好建筑物本身与自然环境的关系，不宜以庞大或纤细烦琐的形象而破坏自然环境的优美；但在地形地貌单调的地方，则建筑物形象和其布置可以多样，主次有别，以不显得呆板而无生气。

3) 山脚建筑景观处理（图 5-27、图 5-28)

图 5-27　山脚建筑景观

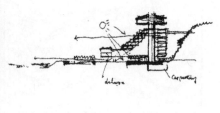

图 5-28 深圳南海酒店（陈世民设计）

来源：陈世民．写·忆·空间 [M]．深圳：世界建筑导报社，2009。

　　山脚是坡地的边缘部分，特别是阶地边缘部分的建筑，对城镇空间的景象起的作用很大，它在空间上组织了整个城镇。山脚建筑一般不宜连续较长地布置，以免形成"城墙"。要有意识地"间断"，使绿化与建筑相结合，并利用自然地形使之高低错落，形成有层次、有变化的轮廓，同时建筑色彩也应有变化，避免单调。山脚地段的特色是其前面常有水体。建筑布局若能背山面水，坐北朝南，则既可阻挡北风，日照充分，而且山明水秀，前有对景，后有背景，均可入画，利用山脚交通较便利的优势，可将多层和高层建筑布置在山脚。

　　4）山坳建筑景观处理（图 5-29、图 5-30）

图 5-29 山坳建筑布置示例　　　　　　　图 5-30 某大学新区

　　地域特色是山深、林静，山、水兼备，环境幽邃。建筑的布局和设计，宜取宁静、清雅之利，层叠曲折之巧，以求佳景。

　　5）谷地建筑

　　一般是将建筑布置在沟谷地的两侧，利用沟谷的中央作道路和绿化，这样景观效果较好，如图 5-31 所示；若将建筑布置在沟谷地的中间，封闭了沟谷，景观效果差，如图 5-32 所示；若在狭谷地建造高层建筑，由于地形的起伏，使建筑与两边高地形成同一水平高度，景观效果很差。

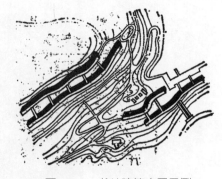

图 5-31 谷地建筑布置示例

图 5-32 山地建筑布置方案比照

(a) 建筑布置在谷地中部——差；(b) 建筑布置在谷地两旁——好

综上所述，山、坡地的建筑布置应依势错落，相互衬托，并利用山体良好的背景与轮廓创造良好的空间效果。建筑本身宜通透不宜严实，宜开敞不宜封闭，宜通不宜阻，宜巧不宜大，可雄秀兼有，重点与一般兼顾，并注意与峰、岭、峦等自然景象的配合。

5. 重视建筑屋顶对景观的影响

屋顶作为建筑墙面的延伸，对于景观的影响随其所处的场合不同，其作用也是变化的。

1) 低视点情况下（即人在平地上的正常视点）：

4 层以下的坡屋顶有向空中延伸和广阔的感觉，从而会产生愉快亲切的感觉，如图5-33 所示。同时，坡顶给人以"安居感"，并表示建筑内部空间的组合方式和流通，以及人在其中所体现的人情味，有其独特的形象。独立的 4 层以下的建筑若采用平屋顶，常会产生相反的感觉。

图 5-33 4 层以下坡屋顶给人以"安居感"

4 层以上的平屋顶，情况就会有明显的改变，但在设计中若能大胆地发挥坡顶的随意性，平顶与坡顶结合，也会创造出一些新的建筑形象，丰富城镇景观。

2) 高视点的情况下：

俯视所有屋顶常一览无余，建筑的第五立面效果会被充分显示，因此屋顶的形式、坡度、材料、做法、色彩以及其整体效果，对景观的影响极大，设计时应予以充分重视。如桂林城内山峰甚多（高层建筑多也是一样），登临观景，建筑的第五立面——屋顶，便显得很重要了。由于原有建筑多是坡屋顶，显得很统一和谐，其屋面纵横交错组合，富有韵律感，从山上俯视，屋顶掩映在绿树丛中，构成很美丽景观。

6. 水体景观处理

1) 水体景观最重要的是清污分流，严防水源污染，改善生态环境，对于城镇废水应作妥善的处理，未经处理的废水要严禁排入塘、湖。绿色河、湖边的保护距离应大于 30m 才有生态效应。

2) 河川、湖泊是创造调和、丰富、舒适空间环境的最好景观资源，水边连续形成一体的空间环境，不论是亲水化、绿水化或美化都可成为此城镇的心轴空间。因此，对于各种水边的岸线，一定要使之成为城镇的开放空间，设置绿带与步行体系，建成一条安全、容易接近而又优美的充满生机的、有滋润城镇环境作用的岸线。水边要严禁单位和私人占用。同时应解决亲水空间与河湖岸边水面的高差矛盾，协调自由型河道谷川曲线与规则型建筑及种植的矛盾。

7. 塑造夜景形象，展现城镇活力[1]

夜景是城镇景观的重要组成部分，如图5-34、图5-35所示。居民的现代生活常在晚上进行各种户外活动，因此，塑造城镇的夜空间形象，展现城镇活力已成为必需。规划设计应充分利用山地城镇的立体展示条件和灯具的可控优势，创造丰富变化的夜景效果。着重考虑以下几方面：

图5-34　夜景效果示例（一）

来源：陈世民建筑师事务所设计："重庆阳光华庭"。

图5-35　夜景效果示例（二）

来源：云南省弥勒县规划局提供。

1）突出重点景观，形成整体氛围。对制高点、重要建筑轮廓线、标志性节点、公共开放核心区、滨水地带、高层建筑等地作特殊照明处理，对商业服务点、办公楼、居住建筑作一般照明处理。

---

[1]　加拿大沃德城市设计公司，湖南城市学院规划建筑设计研究院编制.五洲建筑主题园 [R].云南省蒙自市规划局。

2) 照明是构成夜景的重要环节。充分了解不同环境特性及不同实体对人产生的作用，进行照明区域划分：如城镇商业区，常以热烈、明快的灯光作为主题，色彩丰富，整体亮度较高；而山地大部分居住区多以含蓄、温馨、柔和、分散形式营造"万家灯火"、"繁星点点"的幽静、清新的氛围等等。

3) 提倡节能环保，实施绿色照明。使用 LED 灯、太阳能灯、风能灯等长效光源及灯具，将节能环保理念融入景观照明；充分利用照明开关的明暗、变色等可控性优势，创造丰富变化的夜景效果。

第三节　山地城镇绿化

一、绿化原则

山地城镇绿化布置除应从整体出发，遵循艺术构图基本原则，符合绿化的性质和功能要求，充分发挥植物的观赏特性，满足植物的生态要求（包括合理的种植密度和搭配等）及经济性（包括种植成本和种植后的养护费用）等要求外，在山地设计中应重视以下原则：

1. 因地制宜

1) 因地制宜，可将部分山头纳入绿地，但不计入建设用地指标内（或计入生态用地），注重绿地的可达性、可利用性、可享受性，保证绿地质量。应在尊重用地自然环境的基础上，尽可能与原有的河谷、山丘相结合，充分利用周边的山体和坡地进行绿化；使自然环境在开发建设过程中不致遭到破坏；尽量保护原有树木与植被，并通过自然绿化廊道、绿楔等将组团（各地块）与自然景观融为一体；注重水土保持，修筑排洪沟等构筑物，防止土壤退化和地下水位下降。

2) 依靠城镇周边山体植树造林，建设生态屏障和永久性的绿色开敞空间；借助于地形展示丰富的植物景观，创造立体感强的城镇绿化轮廓；在石壁、堡坎等地宜种攀缘、垂蔓植物，形成多层次的植物空间，既减少了石壁、地表的辐射热，又起到护壁作用和增加景点等等。

3) 保留城域和周边山体的植被，利用植被的变化，形成多层次的绿色景观；绿化品种的选择和控制，应根据当地的地形、气候条件和植物的特性作不同处理。如在炎热山地，在绿化处理上应采取成片与大树绿化相结合的方式，并应以乔木为主以改善小气候；在寒冷多风尘砂大地带，除建立防风林带外，应多种草皮，尽量减少裸土出现，以免尘土飞扬。在坡度大于45°的路旁斜坡上不宜种植大树，以降低树木被强风吹倒的风险等。

4) 布置中应注意各种植物的习性，山地城镇常在岩地荒坡上进行建设，如何在这种土壤贫瘠、土薄的地方进行绿化值得研究，要防止石漠化。榕树（黄桷树）、棕树、桐树、香樟树、摇钱树、苦莲子、竹子、夹竹桃等常被选用。在岩坎或土质坚硬地面上绿化时，除填土种植灌木、草坪外，可采用爆破挖洞填土，种植榕树、竹子等适于在石逢中生长的植物。

膨胀土地区距建筑物 5m 内，严禁种植桉树、银桦、滇杨等蒸腾量大的树种，宜种低矮、耐修剪和蒸腾量小的果树、花树或松柏等针叶树。

在湖塘，通过种植具有净水功能的水生植物，连接组成浮垫，可为鸟类和两栖动物提供新的栖息地。

2. 不薄不厚，阴阳平衡

1) 不需要追求大片绿地。城镇中的树木，犹如人的衣服，过薄则寒，过厚则苦热。种植和配置时，也要注意其疏密，要阴阳平衡，不是多多益善。如在沟谷、凹地环境局窄，更不能多植树木。

2) 由于山地城镇一般是结合地形，成团、成簇地布置，每团、簇规模一般不大，周围是自然山水，做到"举目见山，低头是水，城区污染少，空气新鲜"，居民与大自然接触较多，所以在较大的城镇组团的边缘地块，或较少的组团内，建筑密度可以适当提高，建筑区内部的绿化要求精细，但绿化率可相对较低。

3. 障空补缺

1) 由于山地适建用地紧缺，因此绿化用地不应占用适建用地，而是利用不可建设用地进行绿化。如在悬崖、陡壁、洼地、深谷等地段进行绿化；利用岩坎、挡土墙以及建筑物的墙面、台架、柱等处以藤木爬绕形成"生态墙"或"立体草坪"。这种绿化，同样有美化城镇、减少光污染、制氧、除尘、杀菌和消声等功能，并扩大绿色空间，增加环境的绿视率。

2) 在不妨碍排水的情况下，局部改造地形，将冲沟作为弃土或弃渣场，填平后作绿化用地。但此时，应注意地形特点和修建次序，先要切实解决排水问题。如拟填平有排水作用的冲沟时，多从上而下有计划地进行，并适当修建防止冲刷的构筑物，或根据排水量修建排水渠，或利用冲沟建设小型水库等等。

3) 由于山地绿化用地常不易均衡分布，街区内各种绿地应对外开放：住宅区绿地应尽量设置在临街处，各单位和建筑围墙应采用绿化围墙或空透围墙。

4) 坡地，特别是较陡的用地，由于地形高差，必须修建各种护坡或保留自然土地，建设中应注意它们所占土地以及对庭院绿化的影响。

二、绿化方法

城镇中植物的种植，应与建（构）筑物、街路、水体、山石、小品等相配合，形成对比，互为衬托，如图5-36、图5-37所示。当建筑为水平方向时，绿化常为垂直方向；当建筑为垂直方向时，绿化常为水平方向。

图5-36　建筑与绿化环境配合示例（一）　　图5-37　建筑与绿化环境配合示例（二）

植物与地形应有机融合：

1) 利用植物突出或遮蔽地形,如图 5-38 所示。

如图 5-38（a）所示是利用植物来突出或遮蔽地形；图 5-38（b）是以树木的形态配合其地貌、地形，如用尖塔形的树形与岩石的轮廓线相协调，而用圆头形树形与土山轮廓线相协调；图 5-38（c）是考虑不同的种植会造成对地势的改变等等。

2) 利用植物的遮挡性,遮挡和围合空间,组织景色,如图 5-39 所示。

（1）利用植物突出、强化地形,使高处更高。

（2）利用植物突出、强化地形,使凹处更低。

（3）利用植物遮蔽凹处,使地形显得平坦。

（4）利用植物围合空间,组织景观。

（5）利用植物显示韵律。

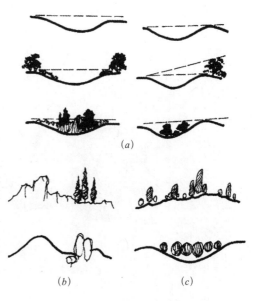

图 5-38　利用植物突出或遮蔽地形

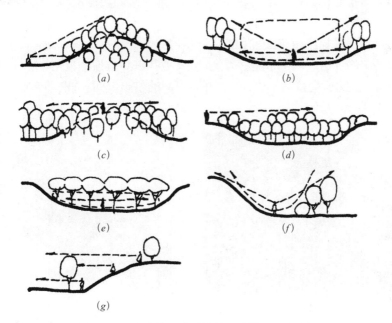

图 5-39　利用植物的遮挡性,遮挡和围合空间

(a)(b)(c)(d) 遮挡作用；(e)(f) 围合作用；(g) 遮挡和围合作用

3) 创造多种形式的立体庭院,如图 5-40 所示。

由于地形的变化,建筑基底常位于不同标高,街路的环境也处于高低不等的层次中,因此利用高差建立多种立体庭院非常必要。立体庭院可以有以下几种形式：

（1）利用街路的环境高低建立立体庭院。

（2）利用高低差的建筑,围合成有不同标高的院落或花园。

（3）利用建筑物与自然地形中的山、水等，围合成院落或花园。

（4）利用高低差的屋顶构成立体屋顶花园。

（5）利用护坡、堡坎、梯道、斜坡等构成立体绿化。

（6）利用建筑底层吊脚将室外庭院绿地延伸至建筑下面。

图 5-40　立体庭院示例

来源：毛刚.西南高海拔山区聚落与建筑 [M].南京：东南大学出版社，2003。

4）组织不同地景。

根据地形的高差变化，设计不同的地面形式，如自然的山体地形、台阶式草坡、几何形草坡等，以丰富地景，增加趣味性。

5）最大限度地保护原生植被景貌和扩大开敞空间。

对于必须动土的地面，用透水建材固土；筑缓坡并以蔓生植物覆盖，尽量少筑挡土墙；或构筑掩土建筑，保护原生植被景貌，扩大开敞空间的覆土地面，如图 5-41、图 5-42 所示。

图 5-41　构筑掩土建筑，保护原生植被景貌

图 5-42　构筑掩土建筑，扩大开敞空间

6）滨水绿带的植被设计。

（1）绿化植物的选择：以培育地方性的耐水性植物或水生植物为主，同时高度重视水滨的归化植被群。这对山地水际地带和堤内地带等生态交错带尤其重要。

（2）城镇水滨的绿化应尽量采用自然化设计，其要求是：

植物的搭配——地被、花草、低矮花丛与高大树木的层次和组合，应尽量符合水滨自然植被群的结构，避免采用几何式的造园绿化方式。

在水滨生态敏感区引入天然植被要素。比如在合适地区植树造林，恢复自然林地。在河口和河流分合处创建湿地，转变养护方式培育自然草地形成，以及建立多种野生生物栖息地。这些自然群落具有较高生存能力，能够自我维护，只需适当的人工管理即可具有较高的环境、社会效益，同时在能源、资源和人力消耗上具有较高的经济性。

第四节　道桥、坡景、坎景、梯景处理

一、道桥的景空处理

为了满足山地街路的技术要求，常出现旱桥或高架天桥等，它们多由不同材料、不同结构构筑，姿态各异，是城镇中不可多得的景观元素，如图 5-43 所示。

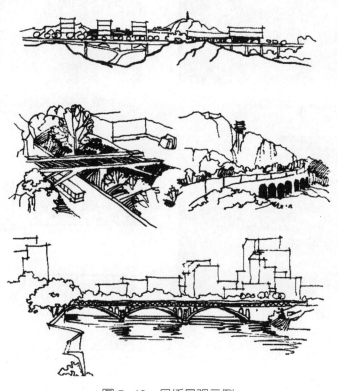

图 5-43　旱桥景观示例

二、坡景、坎景处理

1）坡景：也是构成山地城镇特有的环境景观元素之一，可以单独处理，也可以与堡坎共同处理，在环境景观设计中应予以重视，如图 5-44～图 5-50 所示。设计中应注意自然放坡、护坡、挡土墙的尺度和线形应与环境协调，有条件时宜少采用挡土墙。

图 5-44　艺术坡景处理示例

图 5-45　艺术坎景处理示例

图 5-48　斜坡绿化和堡坎（二）

图 5-46　斜坡绿化和宣传栏处理

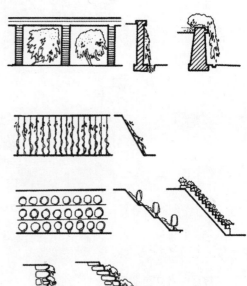

图 5-49　堡坎、陡坡绿化示意

图 5-47　斜坡绿化和堡坎（一）

图 5-50 堡坎绿化示例

2）堡坎（挡土墙）与阶梯是山地城镇景观中的又一个重要因素，宜将护坡、挡土墙、梯道等室外设施与建筑结合成为一个有机整体，如图 5-51 所示。

图 5-51 建筑与挡土墙、梯道等室外设施结合示例

3）公共活动区内挡土墙高于 1.5m、生活及生产区内挡土墙高于 2.0m 时，宜作艺术处理或与绿化、水体、小品结合。

4）利用坎地高差可设置滴瀑流泉，以成美景，如图 5-52、图 5-53 所示。

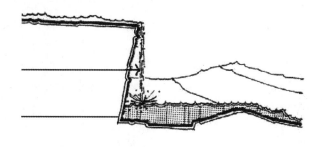

图 5-52 堡坎与水体结合成景示例（一）

三、梯景处理

　　梯道，除其本身作为交通道路外，在空间构图中起着竖向联系与分隔作用，它打破了水平构图的单调感，向高度方向发展，并动态组景，引导人们按一定的程序观赏景物。一个处理成功的梯道，其本身就是一景，故也有梯景之称，如图 5-54 ~ 图 5-59 所示。

　　一个毫无变化的梯道容易使人望而生畏，且也枯燥乏味。因此常需要结合地形与空间构图的需要，在满足功能的要求上，结合建筑布局与环境绿化、小品布置等进行设计，以发挥其多功能作用，既解决交通联系，又丰富组景。即使是采用普通的石级，也应进行美化处理，包括平面组合的变化，栏杆、花池等小品的配合，材料特色的发挥，表面质感的加工等等，以达到组景的要求，给人以轻快的感受。

图 5-53　堡坎与水体结合成景示例（二）

图 5-54　梯景示例（一）

图 5-55　梯景示例（二）

图 5-56　梯景示例（三）

图 5-57　梯景示例（四）

图 5-58 梯景示例（五）

图 5-59 梯景示例（六）

1) 梯道应在出入口、视线开阔优美处设休息平台，并设石桌椅、花架等设施，以眺望赏景，如图 5-60 所示。要特别注意梯道上方的景观处理。每段梯道的踏步数与平台的长短，影响着对最上层建（构）筑物等的观赏，因此，应作剖面和视线分析，研究人在梯道最低处和在各层平台上观赏最上层景物的变化情况。

如果景物离最高台阶上边缘较远，在低处只能看到景物的上部，使人产生期待感和神秘感，这有利于表现活泼与欢快气氛。如罗马西班牙大阶梯，以自由的曲线统一了不对称的轴线，把两个不同标高的广场联系起来，表现出巴洛克灵活自由的手法；产生对教堂的期待感与神秘感，吸引了许多旅客，如图 5-61 所示。

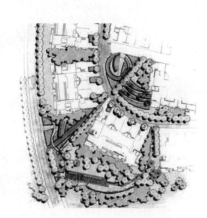

图 5-60 梯道布置示例

图 5-61 罗马西班牙大阶梯

如果目标离最高台阶上边缘较近，并能一目了然时，安排纪念性建（构）筑物有利于情绪的酝酿，表现一种庄严肃穆的气氛。如南京中山陵的一长排台阶烘托出祭堂的纪念气氛，如图 5-62 所示。

图 5-62　南京中山陵

但上述这种宽大、多级的台阶，应作视觉纠正，防止台阶中间有下凹的视错。

此外，在各平台，还应考虑除梯道方向以外的观景效果。多功能踏步是指踏步与看台相结合，踏步与斜道结合，踏步与绿化相结合，踏步与流水相结合等等，如图 5-63、图 5-64 所示。

图 5-63　各种室外踏步举例（一）

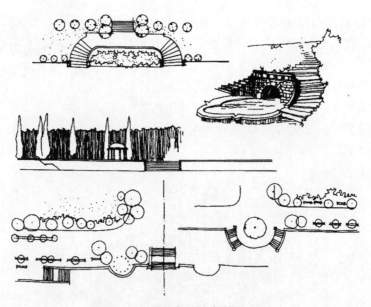

图 5-64　各种室外踏步举例（二）

2) 梯道的位置、方向与方式、宽度等的确定，除了考虑交通因素外，还应结合使用、景观、视线、环境美学等要求考虑。

如图 5-65 所示，在 A、B 两空间中，梯道是设置在 A 空间还是 B 空间，或者是设置在中间领域？梯道的位置是在空间的侧面还是在中间？是部分宽度，还是整个空间宽度都是梯道？

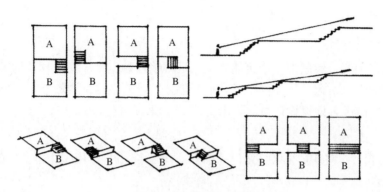

图 5-65　梯道踏步布置

（1）若采用曲、折梯道时，则应考虑每次曲折的视线焦点。

（2）在梯道、坡道设计时，还要注意人在其上行走时的心理情趣。一般向上行时应有助于表现兴高采烈的气氛；下坡时则表现安全和松弛感。宽阔的梯道看起来有一种轻松和引人前往的感觉；而狭窄、陡峭又弯弯曲曲的梯道，则有一种强烈的刺激感，引诱人们探索前进。

第六章　竖向规划设计

山地城镇用地的自然地形，不可能完全满足城镇各种道路、建筑物、构筑物、给水排水工程等建设的要求。因此，需要结合地形合理地进行用地范围内的竖向规划设计，以使改造后的地面能满足各项建设项目的要求。

第一节　竖向规划设计要求、内容和用地的整平方式

一、竖向规划设计的要求与内容

1. 根据《城市用地竖向规划规范》(CJJ83-99)，城镇用地竖向规划设计应满足的要求

1) 各项工程建设场地及工程管线敷设的高程要求；

2) 城镇道路、交通运输、广场的技术要求；

3) 用地地面排水及城镇防洪、排涝的要求。

一般做法是：城镇用地竖向规划设计应根据各建设项目的要求，各用地的地形、地质、水文等特点和施工技术条件，研究各建筑物、构筑物、道路等相互之间的标高关系，正确确定其空间位置和设计标高，作好场地的排水和防洪处理，并要尽量保持原有地形，以减少土石方量，减少室外堡坎、护坡等工程量，使填挖方就地平衡，做到经济合理。

2. 竖向规划设计步骤

1) 根据地形和总体布置图，选用适当的场地整平方式和设计地面的联结形式；

2) 根据用地的工程地质、地下水位等条件，结合使用要求和基础埋深等情况，确定建筑物、构筑物的地坪标高和露天场地、广场及运动场等场地的整平标高，同时确定适于填方和挖方的范围。

3) 根据内外街路、管线的连接条件和有关规范要求，合理确定用地内街路及主要步行道的标高和坡度，使之与用地内的建筑物、构筑物和用地外的道路，以及主要步行道在标高上相适应。

4) 拟定场地的排水系统，保证地面不积水，排水通畅，不受山洪侵袭。

5) 按照用地的工程地质、水文、交通运输及其他条件，对所定的标高进行检查、校正。计算土石方工程量和概算，编制初步土石方工程量平衡表。如果所定标高符合上述各项要求，则确定设计标高的工作就告一段落，否则还须进行必要的调整，直到符合要求为止。

6) 合理设置必要的工程构筑物（如挡土墙、护坡等）和排水构筑物（如排水沟、排洪沟等），及其处理方式。

7) 考虑街路与各种工程构筑物的设置及与各种工程管线的技术性能和要求相配合。

8) 提出有利于保护和改善城镇环境景观的竖向要求。

二、用地的整平方式

根据用地自然地形起伏，建筑、道路、管线等布置的密集程度不同，用地整平方式可分为三种：

1. 连续式

即在整个用地上进行整平工程。多用在建筑密度大，地下管线复杂，道路较多，地形又较平坦的用地。

2. 重点式

即在建筑物、构筑物和必要的地段进行整平工程，其他地段仍保留原有自然地形。多用于建筑密度不大，道路和管线较简单，地形起伏变化较大的用地。

3. 混合式

系将用地按建筑物、构筑物的性质和分布情况划分为若干区，有的区连续整平，有的区重点整平，实际上是上述两种方式混合使用。

第二节 规划或设计地面

将自然地形加以适当改造，使其成为能满足使用要求的地形，此时的地形称为规划地面或设计地形。规划地面按其连接形式可分为三种：

一、平坡式

即把用地处理成一个或几个坡度平缓的整平面，坡度和标高没有剧烈的变化，如图 6-1 所示。一般适用于自然地形较平坦的用地。当用地内自然地形坡度小于 5%，建筑密度较大，道路密集，地下管线复杂时，宜采用平坡式；当用地宽度小，自然地形坡度虽然达到 5% 时，也可采用平坡式。

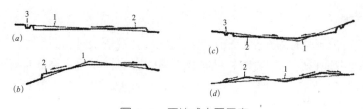

图 6-1 平坡式布置示意

(*a*). 单向斜面平坡；(*b*). 双向斜面平坡；(*c*). 双向斜面平坡；(*d*). 多向斜面平坡
1—自然地面；2—整平地面；3—排洪沟

来源：廖祖霍，吴迪慎，雷春浓，李开模.工业建筑总平面设计 [M]. 北京：中国建筑工业出版社，1984。

二、台阶式

即规划地面为阶梯式的地面形式，是由几个标高差较大的若干台阶（一般高差在 1m 以上）把不同整平面相连接而成，如图 6-2 所示。在连接处一般设置挡土墙或护坡等构筑物。

图 6-2 台阶式布置示意

(*a*) 单向台阶布置；(*b*) 双向台阶布置；(*c*) 双向台阶布置
1- 自然地面 2- 整平地面 3- 排洪沟

来源：廖祖裔，吴迪慎，雷春浓，李开模.工业建筑总平面设计 [M].北京：中国建筑工业出版社，1984.

多适用于自然地形坡度较大的用地。当自然地形坡度大于 8% 时，宜采用台阶式；自然地形坡度虽然小于 8%，但用地宽度偏大（如 500m），也可以考虑采用台阶式。采用台阶式布置可以尽量利用地形，减少土石方工程量。

三、混合式

即平坡式与台阶式相结合的规划地面形式。如根据使用要求和地形特点，把建设用地分为几个大的地段，每个大的地段用平坡式改造地形，而坡面相接处用台阶连接。

总的来说，考虑规划地面连接形式选择的主要因素是：用地的自然地形坡度，建筑物的使用要求及其与其他建筑的交通运输联系，场地面积大小，土石方工程多少。其次还要考虑地质（如是黏土类还是岩石）、施工方法（是用人工还是施工机械）、室外工程投资和基建速度要求。

第三节 台阶式规划地面的竖向布置

台阶式规划地面的竖向设计时，经常碰到的问题有台阶的划分原则，台阶的宽度和高度，以及台阶间的连接等问题。

一、台阶的划分

1）台阶系统可由不同标高的若干个（地形复杂，规模较大时，可达数十个）台阶组成。建设用地分台应考虑地形坡度、坡向和风向等因素的影响，以适应建筑布置的要求。

2）在竖向规划设计中，一般应结合总平面布置和建筑物、道路等布置，以及管网敷设等要求划分成一个或几个台阶。地形起伏较大时，台阶数应相应增多。尽量把使用性质相同的用地或功能联系密切的建（构）筑物布置在同一台阶或相邻台阶上；将主要活动区及主要建筑设置在主台阶上，辅助设施可放在辅台阶上，并尽量减少其台阶间的高差。

3）公共设施用地分台布置时，台阶间的高差宜与建筑层高成倍数关系。

4）台阶数量应适当，在不过多增加工程量和投资的前提下，台阶数不应过多，以创造良好的活动及交通条件。

5）每台阶地上应设置排水沟，地面排水坡度不应小于 0.2%。

二、台阶的宽度和长度

1）台阶的宽度和长度应结合地形，其长边应平行于等高线，台阶宽度主要与用地性质、建（构）筑物及道路布置等因素有关。

2）台阶的最小宽度，除需要考虑使用要求外，要考虑施工机械最小操作宽度限制。
当台阶的宽度不能满足使用需要时，应按需要作必要的调整：

(1) 减少此台阶上的建（构）筑物；

(2) 压缩建（构）筑物宽度，顺等高线延长建（构）筑物长度，以保持其需要面积；

(3) 压缩道路宽度；

(4) 将一个台阶，分为数个台阶；

(5) 当有足够技术经济根据时，有时，亦可通过额外增加基础埋深的办法，以增大台阶的宽度。

三、台阶高度

台阶的高度即为相邻台阶间的高差。

1) 台阶高度大小与地形坡度、台阶宽度和台阶平整坡度等因素有关，地形越陡，台阶越宽和平整坡度越小，则台阶越高。

2) 限制台阶高度的主要因素：

(1) 使用要求。主要是考虑各台阶间的相互联系及道路交通的纵坡与展线要求等。

(2) 建（构）筑物基础的埋设深度，以不超过合理埋深为宜。

(3) 地质条件。

3) 台阶高度的采用。经验表明：台阶高度以 1.5 ~ 3.0m 为宜（按基础埋深为 2.5m 考虑），台阶度高一般不大于 4m，但有些情况下，也可适当加高。如：

(1) 当基础埋设深度大于 2.5m 时；

(2) 台阶坡顶附近无建（构）筑物或铁路、公路、堆场等；

(3) 自然地形为台地或在高挖方上，设置台阶基础埋深并不大时；

(4) 额外增加基础埋深，在技术经济上也是合理时。

四、台阶的连接

相邻台阶的连接通常采用自然放坡或护坡处理，以便节约投资。若台阶之间或周边地块与红线之间的间距不允许放坡时，或地质条件不良（如坍塌、滑坡等）的地段，用挡土墙加固边坡比较有效，但工程量大。对于岩质边坡，可进行喷射混凝土等处理，以防止岩质风化破损。

1. 自然放坡、护坡和挡土墙要求

1) 挡土墙高度宜为 1.5 ~ 3.0m，超过 1.5m 时，宜退台处理，退台宽度不应小于 1.0m。并在每层平台上加以适当绿化，以改变高挡土墙陡峭逼人的枯涩观感，形成富有艺术情趣的悦目花台。

2) 可利用高挡土墙的垂直高差构筑地下或半地下洞室建筑，作辅助用房或汽车库、厕所等，以充分利用空间，同样也减少了高挡土墙的压迫感，形成一景，如图 6-3 所示。

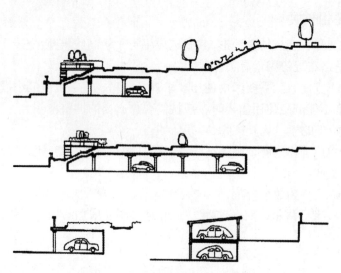

图6-3　高挡土墙地下车库示例

3) 挖方边坡坡度一般是根据土或岩石的性质、成层特征，以及当地的工程地质、水文地质条件和拟定的施工方法、边坡高度而定。一般可参考表6-1和表6-2数值。挖方经过不同土层时，其边坡可作成折线形。

挖方边坡坡度　　　　　　　　　　　　　　　　　　　　　　表6-1

土壤种类	最大高度 (m)	挖方边坡
地层一致的黏土、砂黏土、黏砂土 （细砂、粉砂除外）	18	1∶1～1∶1.5
黄土及黄土类土	18	1∶0.5～1∶1.5
紧密的碎石类土、砾石类土	18	1∶0.5～1∶1.5
风化严重岩石	18	1∶1～1∶1.5
不易风化的完整岩石并无倾向下阶的层理， 其开挖方法采用浅孔爆破时	—	1∶0～1∶0.1
其他各种岩石	—	1∶0.1～1∶1

填方边坡坡度　　　　　　　　　　　　　　　　　　　　　　表6-2

土壤种类	边坡的最大垂直高度（m）			边坡坡度		
	全部高度	上部高度	下部高度	全部高度	上部高度	下部高度
不易风化的石块	6	—	—	1∶1.3	—	—
	20	—	—	1∶1.5	—	—
碎石、卵石和粗砂	20	10	10	—	1∶1.5	1∶1.7
中砂	12	10	2	—	1∶1.5	1∶1.7
其他	18	0	12	—	1∶1.5	1∶1.7

2. 边坡、护坡和加固方法

1) 边坡护坡

边坡的基本形式有直线式、折线式、台阶式三种，如图 6-4 所示。简单的护坡方法有：种草和铺草皮，植树，喷浆，抹面，勾缝灌浆，干砌片石等。高边坡的工程护坡措施有：灌浆锚杆、钢筋混凝土抗滑桩及水泥胶结、大直径抗滑桩、钢筋混凝土桩、灌浆锚索、悬挂式钢筋混凝土墙、扶壁、多级挡土墙、钢筋混凝土墙等，如图 6-5 所示。

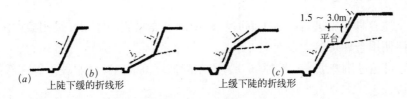

图 6-4　边坡的基本形式

（a）直线式；（b）折线式；（c）台阶式

来源：廖祖斋，吴迪慎，雷春浓，李开模. 工业建筑总平面设计 [M].
北京：中国建筑工业出版社，1984。

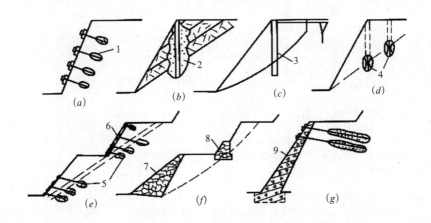

图 6-5　几种常见的工程护坡措施

1—灌浆锚杆；2—钢筋混凝土抗滑桩及水泥胶结；3—大直径抗滑桩；4—钢筋混凝土桩；5—灌浆锚索；6—悬挂式钢筋混凝土墙；7—扶壁；8—多级挡土墙；9—钢筋混凝土墙
（a）灌浆锚杆护坡；（b）钢筋混凝土抗滑桩护坡；（c）大直径抗滑桩护坡；（d）钢筋混凝土桩护坡；
（e）灌浆锚索悬挂钢筋混凝土墙护坡；（f）多级石砌挡土墙护坡；（g）灌浆锚杆加钢筋混凝土墙护坡
来源：王健，郭抗美，张怀静主编. 土木工程地质 [M]. 北京：人民交通出版社，2009。

2) 边坡加固 [1]

用以防止边坡变形、滑坡，以保证其稳固性。常用类型有：各式挡土墙、抗滑桩或用锚杆等对岩土体加固。几种常见的重力式挡土墙如图 6-6 所示。

[1]　王健，郭抗美，张怀静主编 . 土木工程地质 [M]. 北京：人民交通出版社，2009。

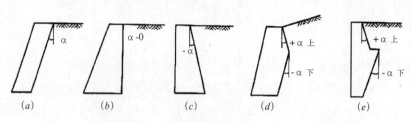

图 6-6　几种常见的重力式挡土墙

(a)(b)(d) 为倾斜式重力挡土墙；(c)(e) 为垂直式挡土墙

当采用上述各种措施进行护坡加固时，应明确各类措施的作用和适用条件。边坡防护和加固的一般使用条件可参考表 6-3。

此外，尚可通过削减坡角，挖掉部分岩土或降低坡高，以减轻斜坡不稳定部位的重量，从而保护边坡稳定。

边坡防护和加固的一般使用条件　　　　　　　　　　表 6-3

边坡防护和加固措施	使用条件	基底土质	基底沉陷	一般边坡坡度
种草	简单、经济，且行之有效。适用于土坡较缓，且冲刷轻微的边坡	任何适于长草的土质	容许	1:1.5
铺草皮	作用与种草防护相同，但可在边坡较高和较陡的地点应用	任何适于生长植物的土质	容许	1:1.5
植树	可用于任何坡度的边坡，但小于1:1.5的边坡更为适宜	任何适于生长植物的土质	容许	—
喷浆	适用于易风化，但不易剥落的较完整的岩石边坡，防治风化剥蚀掉块	易于风化，但不易剥落的土质	不容许	—
抹面	适用于防治岩石边坡风化、剥落得较完整的岩石的边坡。有渗水不宜采用	易于风化，但不易剥落的较完整的岩石	不容许	—
勾缝	节理裂缝多而细时	较坚硬的不很易风化的岩石	不容许	—
灌浆	裂缝较深时	较坚硬的岩石	不容许	—
护墙	边坡较陡，易受风化作用而破坏，节理发达和较破碎的岩石	易风化、节理发达的较破碎的岩石	不容许	1:0.3~1:1
干砌片石	广泛用于防止降水和地表径流的侵害。边坡缓且稳定，且附近石料来源充足时采用	充分密实、不鼓起。潮湿和冻害严重土壤，不宜采用	不容许	1:1.5~1:2
浆砌片石	使用条件与干砌片石相似，但可抵抗水流流速较大（4~5m/s以上）的冲刷	充分密实	不容许	1:1.65~1:2

续表

边坡防护和加固措施	使用条件	基底土质	基底沉陷	一般边坡坡度
混凝土护坡	使用条件与浆砌片石相似，且更坚固持久。使用水泥较多	充分密实，不鼓起	不容许	1：1.25～1：2
嵌补及支撑，锚杆	岩石坡面深坑，宜用嵌补；坡面上部凸出，下部内凹，如上部不稳定时宜用支撑；坡面有顺层面下滑可能时，宜用锚杆加固	较硬岩石	不容许	—
挡土墙	用于防上边坡变形及加固工程。多用在自然条件特别受限制的地方	任何土质	不容许	1：0～1：0.4

3. 建（构）筑物、街路距边坡坡顶和坡脚的距离

1）一般要根据使用要求，考虑建（构）筑物、街路等对边坡稳定的影响计算。高大、重要建（构）筑物或高边坡，或水文地质复杂时，需委托土建专业专题验算。

2）当建筑物直接放到挡土墙上时，其距坡顶距离，可不作要求。

当建筑物基础做到老土层上，且边坡是稳定的，建筑物自墙至坡顶距离除满足其他有关要求外，应大于散水的宽度。

3）街路至坡顶距离，可参照路堤要求考虑。

4）坡脚至建筑物的距离：一般要考虑采光通风和交通要求确定，但至少应能容下建筑物散水、排水沟和必要的管线等设施敷设需求，以不小于 2 ～ 3m 为宜。

第四节　竖向规划设计应注意的问题

一、应与用地选择、总体布局统一考虑

1）根据用地性质确定地块的平整方式、台地大小，为规划和建设创造条件。街区用地标高的选择：场地标高要和其周围的地形相协调，应不被常年洪水淹没（或者要求更高）和不受地下水的影响。在山区要特别注意防洪、排水问题，若场地周围的地形坡向本场地时，必须要考虑设置截洪沟；场地的标高不宜与周边的街路标高相差太多（高或低超过1m)，否则会成为孤岛或洼地。在江河附近的用地，其设计标高应高出设计洪水位 0.5m 以上，而设计洪水位视建设项目的性质、规模、使用年限确定，但临水面用地的标高也不宜太高，以方便与水体连接。

2）应保证用地内地面水能及时排除，不致产生积水和被淹没。城镇内的街路、广场标高常应低于周围的街区用地，街路红线能稍高于街路中心线，有利于街坊排水。个别地段由于地势低洼且降低街路标高有困难时，或者改建旧有街路须保留原有的建筑物，而原

有街坊的地势又处于较低情况下时，应尽量照顾现状，街坊内的排水问题可另设地下排水管道解决。

3）考虑地下水位、地质条件影响。地下水位很高的地段不宜挖方；地下水位低的地段，下部土层比上部土层的承载力大，可考虑挖方，因挖方后除可获得较高的承载力外，还可减少基础埋置的深度和断面尺寸。

4）考虑用地内外道路连接的可能性，以及场地内的建（构）筑物相互间运输联系的可能性。对于没有运输要求的建筑物、构筑物，相互间的联系按人行和排水要求考虑。街路在满足车辆通行和排水的前提下，走向要尽量结合原地形，合理地确定街路标高、坡度、平竖曲线半径，既能减少土石方量，又能形成城镇独特的环境。

5）应满足城镇各类用地在高程上的特殊要求。在符合各种功能要求的条件下，街路、建（构）筑物等布置应因地制宜，充分利用地形，力求土石方量最少，并尽量使土石方就地平衡。

6）规划区内各建筑和工程设施的平面坐标系统和高程系统应是统一的。若不相同时，应换算为同一系统。

7）选择竖向布置系统和平台方式，合理选择建（构）筑物的设计标高。

有时，由平坡布置改为阶梯系统，土方量可大幅度减少。

(1) 当采用设计地形形成不同标高的台地时，可利用不同标高建筑架空层、半地下室和地下车库（室），以及商业辅助用房等，台地间用坡道或台阶联系。

(2) 半地下和架空层除挡土墙外，尽量不设外墙，以与周围绿地融为一体，既节约造价，又有好的停车环境。地下车库应设采光开窗，保持车库有良好通风、采光条件。

8）确定用地标高时，应考虑各建筑物、构筑物和管线基础埋深的要求。一般建筑物、构筑物基础的埋设深度以 2 ~ 2.5m 为宜；多层高层建筑（无地下室者）以 2.5 ~ 4.5m 为宜。当确定填土深度时，应考虑建筑物、构筑物基础的正常（构造）埋设深度，一般情况下，不宜因填土过深而增加基础工程量。

二、尽量减少土石方工程量和基础工程量

如何减少土石方工程量、是山地建筑布置中突出的问题之一，它在很大程度上影响基础工程和室外工程造价，土石方量的大小与建筑地段坡度和建筑构筑方式有密切关系。

1）调查情况。根据重庆地区低层与多层建筑有关资料分析比较统计：

(1) 土石方：土石方工程的挖方量以垂直等高线布置最多，斜交次之，平行等高线又次之，平地最少。

当坡度在 15% 以上时，以平行等高线布置填方量最多，垂直和斜交等高线布置次之。坡度在 10% 以下时填方量以平地最多，这是因为平地需要在基底全部回填出勒脚层，而有坡度时为半挖半填，回填部分减少。

土石方工程量随坡度的增加而增加，当坡度在 25% 以下时，土石方工程量是以垂直等高线布置最多；当坡度在 35% 以上时，平行等高线布置土石方量就超过垂直布置；从坡度 15% 开始，斜交等高线土石方量就比上述两种布置方式为少。

(2) 勒脚工程量：勒脚工程量以垂直等高线布置最多，斜交次之，平行又次之，平地最少。

但当坡度增加到 33% 以上时，平行比斜交略有增加。坡度愈大，勒脚、挡土墙工程量愈大。

垂直或斜交等高线勒脚挡土墙工程量中，基础所占比重最大。平行等高线布置时挡土墙比重相应增加，当坡度在 33.3% 以上时，挡土墙工程量超过基础工程量。

(3) 地形坡度、建筑布置方式与土石方工程量比较，如图 6-7 所示。

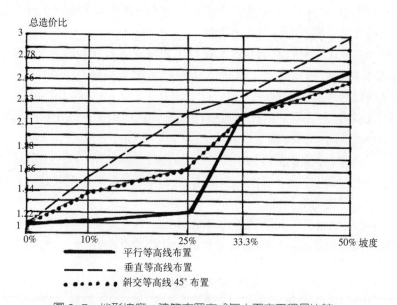

图 6-7　地形坡度、建筑布置方式与土石方工程量比较

(4) 综上分析，依山就势地规划设计要求建筑能适应各种地形及坡度变化，灵活合理布置，以节约用地，追求土石方工程总量减小；移挖作填，追求土石方就地平衡，如图 6-8 所示。可从以下几方面考虑：

图 6-8　土石方就地平衡示图

来源：季斌，山地城镇道路基础设施的规划设计 [R]. 云南省规划设计研究院市政设计所，2011。

为使土石方工程量最少，设计地面应力求与自然地形相近似。因此，各建筑物、构筑物配置地段的整平标高宜等于该地段自然地形的平均标高。

从减少土石方工程量出发，一般将建（构）筑物长轴顺地形布置为宜；如地形较复杂，需要将建筑物与地形等高线成 45° 或小于 45° 布置时，则地形坡度宜在 10% ~ 25% 范围内较为经济；如将建筑物垂直于地形等高线布置，地形最大坡度宜在 25% ~ 33.3% 范围较经济。当建筑面必须较大又不能分台布置，而场地的山丘又不大时，以开掉山丘为宜。

在建筑选型方面：平面尺寸一般进深宜较浅，长度宜较短。进深较浅可适应山地狭长台地修建，采用拼接组合体的其长度大小更能适应地形的曲折变化。同时在竖向布置上有较大的灵活性，如能上能下、错层、错半层、分层分台入口、自由跌落等等，以适应各种坡度和起伏变化多的情况。这样，能布置建筑的用地相应增多，建筑密度随之能有所提高，在节约用地的同时，还能相应减少土石方工程量。

2）宜在分期、分区平衡的基础上考虑整个地区的挖方与填方的平衡，并力求土石方运距最短，运程合理，运土方向不宜为上坡。

据经验统计：若就地平衡的土石方工程费用为每立方米 X 元时，要运输到 10km 外弃土的土石方工程费用为每立方米 $2.2X$ 元，运距越远则费用越高。在考虑土石方平衡时，应相应考虑土壤松散和压实系数。

3）运土方法和运距应相互结合，行之有效，采用铲运机平土以 300m 以内运距为经济，一般只用于 500m 以内；500m 以上，且挖土高度大于 1m，挖方量较大时，以采用挖土机和汽车配合施工为宜；推土机只适用于 20～60m 以内短距离的平土工程。

4）地上、地下工程应统一考虑，当填方区段内有大量地下工程时，应待地下工程施工完毕后再填土，以避免重复填挖。

5）合理确定填土密度。即既要考虑满足必要的填土质量要求，又要考虑施工的经济合理性。宜对不同地段提出不同的密实度要求，可参考表 6-4。

不同的密实度要求参考表　　　　　　　　表6-4

填土用途		密实度（%）
建筑物地坪		＞90
无建筑物的场地		85～90
广场路基下	1.2m以内	＞90
	＞1.2m	＞85
主要管线		90～95

6）合理处理好填、挖方关系。在挖填方总量最小，且平衡的原则下，挖填关系一般可作如下处理：

(1) 多挖少填：由于填方不易稳定，且往往使基础工程量增多，故弃土方便时，可考虑多挖少填。

(2) 重挖轻填：即高层建筑、重要建（构）筑物放在挖方地段，低层建筑、辅助设施、道路、绿化庭园等放在填方地段。

(3) 上挖下填：创造下坡运土的条件。

(4) "左"挖"右"填：有利于局部平衡，就近调配。

(5) 无地下室的挖（有利于基础的设置），有地下室的填（可减少挖土工程）。

(6) 在分期分区考虑土石方平衡时，应考虑土壤松散和压实系数，见表 6-5 所列。

各种土壤松散和压实系数参考表　　　　　　　　表6-5

土壤种类		系数(%)
无黏性土壤	松散系数	1.5~2.5
黏性土壤		3.0~5.0
岩石类土壤		10~15
湿陷性黄土(机械夯实)	压实系数	10~20

对有塌、滑坡、断层、喀斯特等不良地质现象的地段，应予以特别重视。

三、建筑布置与标高的确定

1）建筑基地整地超过以下情况者，应引起特别重视：

(1) 超过 20% 的坡地，开挖高度超过 2m(含 2m) 以上者。

(2) 超过 20% 的坡地，填土高度超过 1m(含 1m) 以上者。

(3) 高填方区不宜布置建筑。当建（构）筑物有大量地下工程时，可利用洼地，以减少挖方工程；也可利用洼地，布置地下建筑以减少挖方工程量，扩大平地使用面积。

(4) 山地建（构）筑物布置要避免贴山（或陡坡）过近（特别是土质松软的山体），以减少削坡土方，挡土墙或护坡工程量，避免滑坡危害。

2）按建筑所在用地的耐压力等情况考虑：

(1) 当用地的上层土的承载力大于下层土的承载力时，应尽量避免挖土。

(2) 当土层越深耐压越大时，在不增加基础砌置深度，并减少其断面，相应降低造价情况下，允许挖方。

(3) 当用地位于岩石类地质地段时，应避免挖方，因为挖方特别费工，且常需要爆破，工期较长，投资高，应尽量减少其挖方量。如石质较好，可供建（构）筑物与街路使用时，可与石料开采统一考虑。

(4) 在地下水位高的地区避免挖方。

(5) 在顺坡纹理地质的地区应避免挖方，并避免破坏自然地形。

(6) 当用地的土壤遇水后耐压力会发生急剧下降（下沉性土壤）的地区，则需要适当提高地面坡度，以保证有良好的排水条件。要特别避免切割覆盖着的下沉性土壤。

(7) 地下工程较多的建筑，宜选在土坡地区；在填方量较大的地区，宜布置广场或庭院，作休息用地。

3）适当的少填多挖不仅可以增加山地难以获得的室外平整场地，而且还可以直接置基础于坚实的挖土上，也可简化基础工程。

136

此外，在确定建筑标高的同时，尚要考虑地下管道的埋深和自流管的坡度要求，考虑合理的排水方式。

4）建筑设计标高的选择。为使场地的土石方工程量和基础工程量的费用降低，应使建筑的绝对标高和平面位置尽量结合地形。

对非高层建筑而言：

(1) 建筑的基础常放在挖方上，以节约基础投资。但地形平缓时（坡度在 10% 以下），由于坡度不大，基础不深，又可使填挖方接近平衡时，不受此限。

(2) 低于路面标高的建筑，要求能顺利排除建筑的外部雨水，避免室外雨水流入建筑内部；建筑与街路、人行道之间的地面排水坡度最好为 2%，一般允许为 0.5% ~ 6%；在困难的情况下也可以坡向建筑，但必须保证街路与建筑之间有不少于 3 ~ 5m 的地段具有 6% 以上向外倾斜的坡度。

(3) 要使建筑的出、入口标高（包括中层入口），尽量与街路标高相适应。

5）建筑物之间的竖向布置要求：

(1) 建筑物之间的竖向布置要求是：应避免室外雨水流入建筑物内，并引导室外雨水顺利地地排除；应保证建筑物之间的交通有良好的联系。

(2) 通常建筑物地坪标高应略高于道路中心的标高，室内外高差一般为 0.15 ~ 0.45/m。建筑物之间的雨水一般是排水至道路，然后沿着路缘石排水槽排入雨水口。所以，道路原则上不允许有平坡部分，其最小纵坡为 0.3%，道路中心标高一般应比建筑的室内地坪低 0.30m 以上。

6）街路与建筑物之间的竖向布置一般按下列顺序进行。

(1) 确定建筑的室内地坪标高。

(2) 建筑物无进出车道时，可按建筑物与道路之间的整平地面所允许的排水坡度（0.5% ~ 6%）要求，求出该区段道路标高的许可变动范围。建筑物有进车道时，须按通行车辆的类型，确定进车道允许的坡度数值（如电瓶车道不大于 4%，自行车道不大于 3%，手推车道不大于 2%，一般车行道为 0.4% ~ 3%，最大 8%），再求出与进车道连接处的道路标高的许可变动范围。

(3) 根据上述道路标高的许可变动范围，结合雨水管道的布置情况，拟定道路纵断面的设计。

(4) 然后再确定进出车道的坡度。

(5) 进行建筑物与道路间的地面排水组织，一般多用箭头法表示排水方向，并在变坡、转折处标出标高。

在自然地形起伏变化较大的地段，建筑物之间的竖向布置，要综合考虑使用、交通、排水等要求，并充分利用地形，减少土石方工程量。

四、街路、广场处理

1）红线标高与道路中心线标高的关系有以下三种形式：

(1) 街路两侧红线标高略高于街路中心线标高。此时街路与建筑在标高上的关系比较协调，又有利区内排水，是比较理想的形式，也是一般常见的形式。在地形条件许可时应尽量采用此种形式。

（2）街路两侧红线标高低于道路中心线标高。此种形式一般在个别地段可能出现。

（3）街路一侧红线标高高于街路中心线标高，而另一侧红线标高低于中心线标高，如图6-9所示。此时用街路横断面来调整两侧红线的高差。这种形式，当山地横坡较大，为减少土石方量和降低工程造价便会出现。

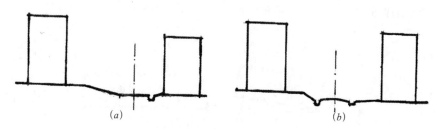

图6-9　街路一侧高于中心线标高，另一侧低于中心线标高

(*a*) 道路一边设有排水沟；(*b*) 道路两边设有排水沟

2）当地形坡度较大时（坡度在10% ～ 30%或更大），由于街路挖方一侧高差大，若填方深，必然增加填方一侧的基础工程量。根据图6-10(*a*)所示，若可能调整街路的中心线，向内侧坡地平行移动（保持中线原设计标高）到最合理的位置，可避免有较高的挡土墙和过大的填方量；又如图6-10(*b*)所示，如保持中心线的平面位置不变，而将中心线垂直向下移动，也可能节约土石方工程量。

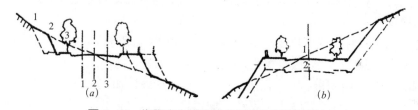

图6-10　街路中心线位置和标高的移动情况比照

(*a*) 中心线位置变动，标高不变；(*b*) 中心线位置不变，标高改变

1—1 断面；2—2 断面；3—3 断面

3）一般利用街路边沟的纵坡排除雨水，边沟的坡度可与街路坡度相同，但不得少于2‰。

4）街路交叉口的处理。在处理街路交叉口的竖向规划设计时，应根据交叉口的地形状况和相交街路的性质而定。一般应遵循下述原则：次要街路服从主要街路，居住区内街坊道路服从城镇干道和区内道。

5）小型广场的处理。广场竖向布置时应注意解决排水问题。根据广场处的地形情况，以及广场与主要建筑的关系，小型广场的竖向布置一般有以下几种处理方式：

（1）将广场纵坡作成由主要建筑物开始向外倾斜的单向斜坡或双向斜坡，此种形式有利于广场的排水，且广场与建筑的关系也较好。

（2）广场处由于各种条件的限制，也可将广场处理成中心凸起的布置方式。此时广场与建筑的关系较差。

五、平面定位及坐标、高程换算

1. 平面定位

街区内建筑物和工程设施的平面定位有两种方法：

1）支距法：即根据原有的建筑或工程设施，来确定规划的建筑或工程设施的平面位置。只要标注出规划建筑或工程设施与原有建筑或工程设施的垂直距离及角度即可，如图6-11所示。

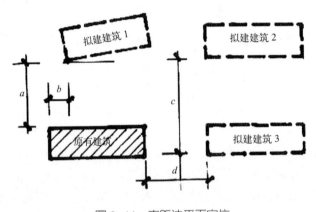

图6-11　支距法平面定位

2）坐标法：即注出规划建筑或工程设施两个角点的坐标或圆心坐标即可。

2. 坐标换算

在进行城镇规划时必须使用统一的坐标系统和高程系统，以避免各项建设发生重叠、干扰等混乱现象。但在一个城镇中，尤其是在具有较大住宅区、工厂、企业的城镇中，除有城镇坐标系统外，某些住宅区、工厂、企业为其本身设计和施工方便，在它们内部自己另设一坐标系统，一般称为建筑坐标系统。城镇坐标系统 X、Y 表示纵横坐标轴，建筑坐标系统以 A、B 表示纵横坐标轴，这就需要进行坐标的换算。

第五节　竖向规划设计方法

竖向规划设计方法的种类很多，进行竖向规划设计时一般采用以下几种：

一、高程箭头法

即根据竖向规划设计原则，在总图上表示出以下内容：

1）注明建筑物的坐标、室内地坪标高和室外整平标高。

2）注明道路的纵坡度、变坡点和交叉口处的坐标及标高。

3）标出地面排水方向，一般用箭头表示。

4）注明明沟底面起点和转折处的标高、坡度，明沟的高宽比。

5）重要的地方，应绘出设计剖面以直接反映标高变化和设计意图。

高程箭头法，规划设计工作量较小，且易于变动、修改，为竖向设计一般常用的方法，如图 6-12 所示。缺点是比较粗略，有些部位的标高不明确，准确性差。为弥补上述不足，在实际工作中也有采用高程箭头法和局部剖面结合使用，进行竖向规划设计。

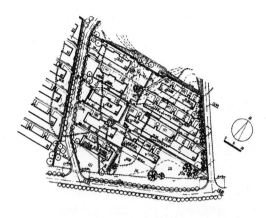

图 6-12 竖向设计——高程箭头法示例

二、纵、横断面法

纵横断面法（包括局部剖面）多用于地形比较复杂地区，其方法如图 6-13 所示。

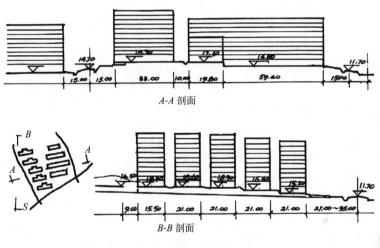

图 6-13 局部剖面法示例

1）在所规划设计用地相应的地形图上划定边长为 10m、20m 或 40m 的方格网，方格网尺寸的大小随规划图的比例而异。图纸比例大，方格网尺寸小；反之，图纸比例小，则方格网尺寸就大。

2）根据地形图中自然等高线用内插法求出各方格网顶点的自然标高。

3）选定一标高作为基线标高，此标高应低于图中所有自然标高值。

4）在另外的纸上绘制方格网图，并以基线标高为底，采用适当的比例，绘出方格网原地形的立体图。

5）根据立体图所示自然地形起伏的情况，考虑地面排水、建筑布置，以及土方平衡等因素，确定地面的设计坡度和方格网顶点的设计标高。

6）计算土方量。另用一张纸，在规划设计范围内，依适当的比例绘制方格网土石方计算图。将各方格网顶点的自然标高、设计标高注于图上，计算各点的填挖量（此亦称为施工填挖高度），并求出不填不挖的界线（通称"零线"），而后按方格网计算填挖方量。

7）土石方平衡。将上述各方格填挖方量总计起来，若填挖方总量不大，且填挖接近平衡时，则可认为所确定的设计标高和各地的设计标高是恰当的。否则需要修改设计标高，改变设计坡度，按上述方法重新计算土石方量，直到达到要求为止。

8）根据最后确定的设计标高，另用一张纸把各方格网顶点的设计标高抄注在图上，并按适当的比例绘出规划设计的地面线。

纵横剖面法的优点是：对规划设计区的原地形有一个立体的形象图，容易着手考虑地形的利用和改造。缺点是：工作量大，花费的时间多。它是在所需规划的地区平面上根据需要的精度先绘出方格网，方格网每一条线，表示地区地面被两组直交的垂直平面所切截的方向。在每一方格的四角上注明原地面标高和设计地面标高。沿方格网长轴方向者称为纵断面，沿方格网短轴方向者称为横断面。

三、设计等高线法

设计等高线法工作简便，它可以直接根据原地形变化情况（自然等高线的走向、弯曲情况等）绘制设计等高线，如图 6-14 所示。经土石方计算后，需要修改时，容易着手进行。其工作方法如下：

1）与纵、横断面法相同，在规划设计的用地范围内，根据要求绘制适当大小方格网。

2）与纵、横断面法相同，从自然等高线中内插求出各方格顶点的自然标高。

3）根据方格网顶点的自然标高值，结合地形等高线变化情况，考虑规划地区内的排

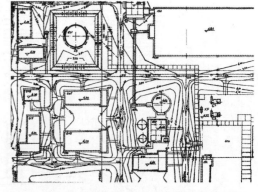

图 6-14　竖向设计——设计等高线法示例

水、建筑布置等因素，在保证满足区内各类用地使用要求的前提下，在原地形等高线的基础上，直接以直线、折线或曲线分别绘制设计等高线。

4）根据设计等高线用内插法求出各方格网顶点的设计标高。

5）计算各方格网顶点的施工标高，找出"零线"，计算土方量。

6）土方平衡。将各方格土方量汇总，若填挖总数量不大，且接近平衡时，则可认为此竖向规划设计是合理的，否则将重新修改规划设计，移动设计等高线。

7）根据修订的设计等高线，按上述步骤重新计算土方量，直至得出合理的设计方案为止。

第六节　土石方工程量计算

计算土石方工程量的方法有多种，如查表法、计算图表法等。常用的计算方法有方格网法和横断面计算法，不再详述。

第七节　土石方平衡

在进行土石方平衡时,除了考虑上述场地平整的土石方量外,还要考虑地下室、建（构）筑物以及设备的基础,道路和管道等其他工程的土石方量。由于在初步平衡土石方时,还不可能取得其他工程有关土石方的较准确的资料。所以, 其他工程的土石方工程量可采取估算的方法取得,如建筑物地下工程的挖方量可用每平方米建筑占地面积估算,道路的土石方量可根据具体情况（路堤或路堑）估算。估算的资料可参阅有关设计手册。管道的土石方量在初步平衡土石方时可暂不考虑。土石方平衡表的格式见表 6-6 所列:

土石方平衡表　　　　　　　　　　　　表6-6

序号	名　称	单位	填方量	挖方量
1	整平场地	m³		
2	建筑物、构筑物基础	m³		
3	地下室	m³		
4	道路广场	m³		
……				
	合　计	m³		
	土壤松散和压实增减量	m³		
	总　计	m³		

土壤松散系数指自然土经开挖并运至填方区夯实后的体积与原来的体积比值,以百分比表示。各种土壤的松散系数见表 6-7 所列。

土壤的松散系数参考表　　　　　　　　　　表6-7

系数名称	土壤种类	系数（%）
松散系数	非黏性土壤（砂、卵石）	1.5~2.5
	黏性土壤（黏土、亚黏土、亚砂土）	3.0~5.0
	岩石类土壤	10.0~15.0
压实系数	大孔性土壤（机械夯实）	10.0~20.0

第七章 城镇生态化保护建设与灾害防治

第一节 城镇生态化建设

山地城镇生态化保护建设的主要途径是：山水连接，尊重地形，建立城镇生态网络等，使山、水、城、田有机结合。其方法是：

一、恢复和建设生态网络体系

包括恢复和建立宏观、中观、微观三方面相结合的生态网络体系。

1. 宏观方面

构筑城镇和组团周围地区的生态保护屏障：一是配置环境处理和防护性的设施，建设防护林带（风水林等）；二是将城郊农田作为城镇生态基底，通过生态农业、绿地、绿带等的有机串联，形成聚集与分散共存，城郊优势互补的格局，利于城乡一体化。

2. 中观方面

建设绿色生态廊道，包括建立：

1）水网：城镇规划应尽量保护和利用原有水系，并使其形成网络，活跃滨水地带，使之成为城镇景观和公众活动的重要地区。

2）绿网：通过城镇绿色通道（包括防护林带和隔离林带、滨河绿化带，以及"绿楔"、绿脉隔离带）与公园绿地以及城镇周围的山林绿化，形成斑、廊、基结合的生态网络。

3）空气廊道：空气的流动受地形环境的影响很大。山地城镇布局时，就应该充分考虑这些特殊现象——合理利用原始环境的特点，加强城镇的换气功能，从而提高城镇的空气质量，减少大气污染的负面影响，这些有利于城镇换气功能发挥的气流通道就是"空气走廊"。它可以是天然的山谷，也可能是城镇规划中根据地理、气候特征预留的空气走廊。

4）生物走廊：城镇中野生动物的种类，是城镇生态系统基本情况重要的衡量指标之一。为了能维持其物种正常繁衍的种群数量，使种群健康发展，除应该注重有效地发挥城镇中有限自然地域和少数保留的自然生境，建立水网、绿网把城镇中分散的绿地、公园、水域联系起来外，还应注意城镇重大的建设工作对生物走廊的破坏。

如城镇道路建设往往会割断自然的生物迁移、觅食的路径，破坏生物生存的生境地和各自然单元之间的连接度，为此，在野生动物经常出没的重要地段和关键点，应设法采用架空方式或建立隧道、桥梁以保护其通过，降低道路等对生物迁移的阻隔作用。

以上这些城镇生态网络之间有着极为密切的有机联系，规划建设中应尽可能地发挥它们的综合效益，以促进城镇生态环境的迅速改善。

3. 微观方面

结合组团和地段功能创建不同的绿化形象，建设广场和公园、中心绿地等开敞空间，形成尺度较大的生态斑块。通过空间的分割和围合，与生态基质、生态廊道构成相互辉映的生态体系。[1]

二、建造"森林"城镇[2]

森林绿化是城镇生态化建设的基础，成片的林带，其环境生态效益是其他任何措施无法比拟的，因此，把城镇四周山体森林引入城区内，是提高城镇生态环境质量和美化城镇的根本途径。

以乔木为主体，形成包括公共绿地、垂直绿地和机关事业单体的绿地、行道树、疏林草坪、片林带、防护树、水源涵养林、草地、水域、花圃、果园、菜地、农田等在内的绿化系统，要特别重视以下几点：

1）城镇街路的绿化带：在条件允许下，可将有些街路的单排树改为双排或多排树，以达到纵横成林的效果。规划设计中行道树宜按树种进行搭配，靠建筑物的一侧栽种落叶树，冬暖夏凉，多姿多彩，靠车行道一侧种树，对噪声、灰尘、污物有降低和阻隔作用。对影响视野和通行的枝条要及时修剪，以形成分枝高、枝条粗壮的树林。

2）加强城镇和组团周围大环境绿化让森林和绿地包围城镇，并提高绿化质量和品级，起到防风和防止水土流失作用。这种外围绿地还应根据城镇布局在适当地段渗透入城，形成"绿楔"，以达到城镇内外有机结合。

城镇周边绿地和组团之间的隔离带包括山体、林带、自然湿地、农田、地下温泉等区域，以保护现有的田园及自然风光为主，体现城镇周边及组团之间的原野感和生态感的景观风貌，产生"城在绿中，绿在城中"效应。

(1) 有效地提高周边地区森林覆盖率，是减少地表径流，防止土坡侵蚀和水土流失的重要措施。

(2) 改善耕作条件，对坡度 25°以上的耕地应退耕还林，对坡度 8°~25°耕地应有计划分期分批地改造成梯田，并整治排水系流。

(3) 保护和建设城镇周边的面山绿化。

3）适当增大防护与隔离林带。沿河两岸应设不少于 30~50 m 宽的绿化带，以保证城镇的绿色空间及空气廊道。河道两岸的防护林宜选择保持水土、涵养水源的树种，使其既可抵御洪水，又可保护和美化城镇。

与此同时，在城镇各组团之间，以及住区与喧闹的道路、市场、工厂区之间应设防护林隔离，并应适当加大面积，使人有闹中取静的感受。

4）构筑有"绿心"的内聚空间。优化组团的中心绿地成为绿心，作为居住组团的绿色内聚核心，并与邻近组团中心绿地连接起来形成绿色空间网络。此核心不一定要位于组团的中心地位，也可以在组团的出入口附近或通行方便的组团边缘，但必须最大限度地使

[1] 曹春霞，曹颖．重庆主城空间拓展过程中生态景观控制的创新与实践 [J]．城市地理·城乡规划，2011 (3)。

[2] 张春祥，王富华．太原市城市生态框架的研究与构建 [J]．城市规划，2000 (9)。

组团居民能很方便地出入，去亲近它，熟悉它，热爱它，并真正拥有它。在布置中，尚应结合种植配置下述项目：

（1）亲子空间。空间内，要有一定儿童游戏场地，不应种植有刺和有毒的植物，要有一定的文化品位或艺术风格，此外，还可结合地形有意识地增设一些培养儿童敢于冒险及善于与人合作的游乐设施和项目等。

（2）亲老空间。结合绿地布置一定的休息娱乐（如下棋等）场地、晨练场地和器械运动场地，最好能与亲子场地有机结合，形成老少同乐局面。

三、生态化建设的关注点

城镇的生态化必须从城镇用地的选择、布局到单体设计全方位地考虑与自然环境的结合。

1）结合山地用地的特点，每一个城镇城区规模不宜过大，必须与当地环境容量相协调。

2）当城镇范围必须扩大时，应采用组团式的布局形式，用森林、绿地、农田等将其分割，组团之间应建立永久性自然隔离带，并采取严格防护措施。

3）为节约和充分发挥土地潜力，应在地质条件允许情况下，相对集中进行中高强度的开发。

4）城镇建设应同时考虑城镇或组团周围山体绿地、水地、农田的保护和合理利用问题，防止水土流失和破坏农田。

对周围山体一般可按不同地貌类型作以下处理：

（1）面山：山林地、果园为主，辅以灌木、草地种植，采用以喷灌、微灌为主的径流高效利用体系，控制山体径流下流。

（2）沟坡：采用蓄水造林、种草地和坡改梯为主要措施的坡面防护体系提高植被覆盖率，减轻坡面侵蚀，改善生态环境，达到护坡的目的。

（3）建设沟道防护体系，使侵蚀活跃的沟头及沟道得到有效控制。

5）面山的保护，城镇周围的面山对生态化建设和城镇景观有很大的作用，它直接关系到水土保持与景观效应，必须予以重视。一方面，要结合现状组织造林绿化，大力植树造林，提高森林覆盖率，保护现有的森林植被和野生动物、植物资源，防止水土流失，改善生态环境。另一方面，必须做到：

（1）划定面山的保护界线范围，建立面山及城镇发展禁建区，禁止任何单位和个人进行开发建设活动，包括种地、建墓、搭棚、摆摊及设点经营。

（2）禁止在此区域内爆破、取土、取砂、采石、采矿。

（3）禁止在此区域内倾倒土、石、尾矿、垃圾、废渣等固体弃物。

（4）禁止砍伐林木和破坏植被，破坏生态系统和污染环境。

6）对不同的废水要加强管理和监测，把生活废水与非生活废水严格区分开来，节能减排，考虑中水利用，严格控制非生活废水的排放。

7）发展节能房屋，或生态建筑，结合建筑充分利用太阳能资源。

8）人工环境与自然环境结合，城郊结合，院苑结合，努力实现城镇园林化，将山地城镇建设成为"山、水、城、田"有机结合的园林城镇。

9）增加城镇地面的渗透性。一般山地城镇的建设常使土地的不渗透面层增加，暴雨径流的水量与强度也会相应增加，从而提高了洪涝风险，为此建设中应尽量做到以下几点：

（1）尽量减少城镇内的硬化地面（即不透水地面），增加地面雨水渗透性，减少暴雨后的排涝压力。如城镇广场、商业街、人行道、社区活动场地、停车场等地面尽量不采用花岗石、大理石、石灰石、釉面砖、混凝土和柏油等材料铺面，而是保留自然原生地和采用透水性地砖、混凝土空心砌砖、细碎石或细卵石铺面，杂草地面、有机质碎屑地面；或在各种地砖之间用泥土填充，留出较大缝隙，种上本地杂草，以使地面软化、生态化，提高地面的透水率，减少径流，防止冲刷，如图7-1～图7-3所示。

图 7-1　露骨料透水材料艺术铺面示例

来源：上海市政工程设计研究（集团）有限公司。

图 7-2　采用卵石铺装地面示例

来源：上海市政工程设计研究（集团）有限公司。

图 7-3　杂草地面示例

来源：上海市政工程设计研究（集团）有限公司

（2）促进地下水补给，避免造成地下水下降。

（3）通过自然植被，净化径流水质。

（4）增加城镇用地的生态型管理系统设施，主要是草沟、湿地、渗池等。采用较自由的排水设施，少用或不用传统的水泥渠道排水，有助于缓解开发带来的洪涝风险。

（5）控制城镇街坊内大面积的地下空间开发。

10）利用地形在城镇内外增设水库和水体；利用广场等不透水地面，收集雨水，建设各种地下蓄水池。

第二节　防排洪工程[1]

山地受地形、水文、生物、气候、地质、土壤及人文等因素影响大，任何一因子变动力超过坡地的容纳量时便会形成不同程度的天然灾害，兼之山地多半位于集水区之中上游，

---

[1]　郑嘉晤. 生态规划对坡地开发之必要性 [J]. 建筑师（台湾），1988（10）。

其灾害容易扩大，它对于中下游生态环境影响也很大。

例如暴雨及长期降雨使入渗水超过土壤容水量，造成水压过大影响安息角或产生大量径流，破坏地表土壤，形成地层崩陷或落石；砍伐森林，破坏地表植被，使表土长期裸露而造成地表稳定状态骤变；大规模整地改变地形，更使地质水文因素发生相应的变化而影响周边环境及基地的稳定。以上的地貌遭到破坏，水文环境亦会随之改变，造成短时间内径流增大，集中冲刷土壤而致表土严重流失，甚至会造成泥石流；另外，因开发破坏地区原有水脉等，还会造成水资源日益缺乏。因此，防治和解决水土流失及山洪危害，确保居民的生命安全，是山地域镇规划设计与建设中又一个重大问题。

所谓山洪，就是山地的暴雨洪水。解决山洪的主要途径，一是配合城郊农林生产对城镇用地的周围进行综合性的治山、治水工程，如育林、水土保持、修筑梯田等；二是在城镇用地内、外修建防洪工程，如开沟引洪、整治沟谷、修建构筑物等。

一、山地防洪与排水要求

建设用地防洪与排水的要求也可分两个方面问题：一为防排洪问题，即防止基地外水流入基地，二为处理好基地内场地排水问题。

具体做法：要特别重视主要来自暴雨的山洪，因山地坡陡流急，有时还夹带泥砂、石块和树枝等，顺坡下泄，其势凶猛。当基地位于有被山洪或高处洪水冲袭危险之地，且其汇水宽度大于 100 ~ 150 m 时，则必须在洪水袭来方向设置一条或几条排洪沟，将洪水截住，以保基地安全。

排洪沟的配置一般有下列几种类型：

1）位于斜坡上基地的排洪沟，设置一个排出口，如图 7-4 所示。

2）位于凹地内基地的排洪沟，设置两个排出口，如图 7-5 所示。

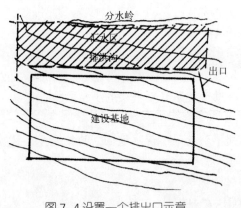

图 7-4 设置一个排出口示意

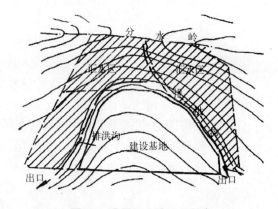

图 7-5 设置两个排出口示意

3）基地过长、过大，或在基地内有一条或几条深沟切割等因素，以致仅一两个排洪沟出口会使排洪沟过深或流量过大等情况时，设置三个或三个以上的排洪沟出口，如图 7-6 所示。但应该指出：基地内多条排洪沟的设置，会妨碍建（构）筑物的布置和街路、管线的穿越，因此，基地内部排洪沟可采用泄洪管代替，并应尽量减小其流量。

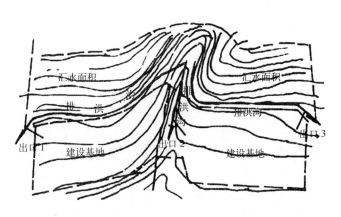

图 7-6　用几条排洪沟分流示意

二、山地防洪与排水布置

1）山地洪水"宜顺不宜挡"，"宜分不宜集"，山洪只能采用开挖排洪沟、截洪沟等方式将洪水引至天然水体或水库。在排泄洪水时，宜采用"截洪分流"，采用排洪沟或拦洪坝进行截流，并将汇水面积根据地形和排水方向分成若干小块的汇水面积，用几条排洪沟分流至用地自然水体，避免各局部洪水汇集成高峰，威胁用地安全。

2）在布置排洪沟时，原则是"宜直不宜弯"，"宜避不宜穿"，"宜利不宜新"，"宜明不宜暗"，同时也要结合周边农田基本建设等原则进行设计。

3）排洪沟系的布置应与总体布置中的建（构）筑物、街路和场地等排水设施综合考虑；应确保主要地段、主要建（构）筑物、主要街路等的安全；特大洪水时，一些次要地段则可考虑允许短时间内被淹没，以作出既安全又经济的排洪设计。

4）主沟与支沟相交时，应尽量顺水相交，转弯处，其中心线半径一般应不小于沟内水面宽度的 5 ~ 10 倍。与河沟交汇时，其交汇角对下游方向应大于 90°，并做成弧形。出口底部标高最好在河沟相应频率的洪水位以上。

5）防洪设施的位置，应避免对邻近用地及农田、河道和交通的不良影响。

三、实例借鉴

中国科学院、水利部成都山地灾害与环境研究所完成的云南省梁河县城后山泥石流防灾规划，对制定城镇防灾规划和山区综合开发具有指导意义。[1]

1. 梁河县简介

梁河县位于云南省西南隅，县城遮岛镇地处大盈江东岸的泥石流支沟堆积扇上，治理区域涉及城区及县城后山，面积约 12km²，治理区域内的遮岛小河（流域面积 6.9km²）和蕨叶堤小河（流域面积 2.63km²）两条泥石流沟对县城形成三面包围之势。据史料记载，1903 年和 1914 年遮岛后山泥石流两次冲入县城，造成较大的危害。20 世纪 80 年代以来，两沟中小型山洪泥石流灾害频频发生，以 1980 年和 1989 年的危害最大。

---

[1]　王士革 . 云南城镇泥石流灾害与城镇防灾规划 [J]. 城市规划，1995（3）。

梁河县城后山泥石流防治主体工程设计标准采用20年一遇设计，50年一遇校核，经计算，遮岛小河泥石流计算流量65m³/s，蕨叶坝小河为25m³/s。

2. 治理目标

通过3～5年的综合治理，减轻和控制泥石流灾害。

3. 规划设计原则

全面规划，综合治理，因害设防，因地制宜，工程治理，排导为主，整治沟谷，防止崩滑，植树造林，保护水地，护岸护坡，减轻砂害。

4. 防灾措施

防灾措施包括工程、生物和社会措施三部分，如图7-7所示。

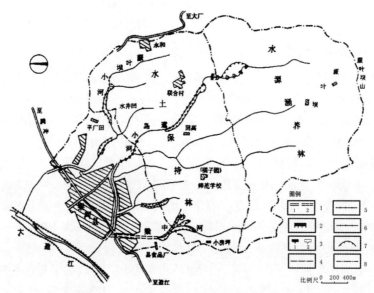

图7-7　梁河县城后山泥石流防灾规划图

1- 泥石流排导槽（1.一期工程 2.拦砂坝）2- 二期工程；3- 谷坊（1.改建 2.新建），4- 流域
界线；5- 整治河段；6- 大盈江河堤；7- 崩滑体；8- 分界线

来源：王士草.云南城镇泥石流灾害与城镇防灾规划 [J].城市规划，1995（3）。

1）工程措施：以保护县城为目的，全部工程由拦砂坝、谷坊、沟道整治和泥石流排导槽等四部分组成，遮岛小河是治理的重点。在沟道上游设谷坊5座，固定沟床，防止滑坡复活；在山口以上建格栅式拦砂坝一座，拦截大漂砾，削减洪峰；在沟道中游布置850m的沟道整治工程，同时加固原有的7座谷坊；县城一带建泥石流排导槽1073m，将泥石流排泄至县城下游，蕨叶坝小河以排导为主，在沟道中游布置950m的沟道整治工程，在县城一带布置排导槽670m。

2）生物措施：分为三部分，流域上游海拔1300m以上的后山上半山规划为水源涵养林区，治理措施以封山育林为主，海拔1100～1300 m的后山下半山规划为水土保持林区，是植树造林的重点地区，造林采用当地的速生树种，如思茅松、旱冬瓜等，并适当发展经济林和薪炭林；沟道中、下游结合整治工程，在沟道两侧营造护堤林。

3) 社会措施：主要是建立后山泥石流治理区，成立管理机构，制定有关条例，禁止在治理区内进行开矿、开荒、乱砍、滥伐等可能造成水土流失和破坏山体稳定的人类活动。

5. 防洪体系

防洪体系一般由拦挡、排导、停淤和排水四个工程措施组成。

按"东川模式"防治泥石流的三项有效措施是：

(1)"稳"：在上游封山育草，植树造林，削弱水动力条件的参与，减少地表径流，固土稳坡，防止坡面侵蚀；在冲沟中采用谷坊稳定沟岸，防止沟岸下切；对滑坡体采用截流排水，防止水体渗透侵蚀；用工程手段固脚稳坡，使水土分离。

(2)"拦"：在主沟床内选择有利地形，构筑泥石流拦沙堤，拦蓄泥沙，减缓沟床坡度，提高沟床侵蚀基准面，稳定坡脚。

(3)"排"：修建排导槽，束水攻沙，使泥石流按规划的要求排导。

四、防、排洪规划要点 [1]

防、排洪规划要点是：必须考虑自然地形的汇水面积、排水方向；规划时尽量保留利用原有自然排水冲沟，分区排洪，合理设置截洪沟，切忌将多个汇水区域的山洪汇集，使人工排洪设施投资巨大，而且可能因排洪能力不足引起洪患。

1) 防洪水工结构物必须依据设计规范确定，洪水量的估算是以基地集水区而定，而不是基地地区或行政区域。排水管（槽、沟）要以集水区面积来设计，即由地界上游土地所产生的流量（区外径流量）与区界内所产生的径流量的和是排水管（槽、沟）设计的依据，例如山腰坡地的开发必须承受由山顶到山腰间所产生的径流量。

2) 山坡的开发必然改变了自然排水系统，造成排水的集中及快速。开发后的洪流量如只向下游排放必然造成下游排水道的超载，因此，应比较开发前后的尖峰流量差，然后用蓄洪设施如池塘、绿地及停车场等来减少此差额。

3) 排洪工程的目的是减低水患频率，一般不是按 50 年或 100 年一遇最大洪水量来设计排洪管沟，而是将用地的排水系统分成两级：第一级排水干线，按 5 年一遇洪水的设计流量计算，包括街路边沟及下水道等；第二级排水干线，应以 50 年或 100 年一遇的洪水为设计流量计算，包括街路本身、池塘、公园绿地及停车场都应纳入排洪干线。超过一级排洪量的超额洪水量可导入公园洼地、谷地等非建设用地，谷地平时可作为公共设施用地，而暴雨时作为蓄水设施之用。

4) 系统排水是以调节降雨和地下水不致成患为原则，通常视洪水径流的变化设置调节池，就地滞蓄、截流处理并予以排除，同时调节池可供景观、消防、灌溉、游乐之用。系统排水规划时，应尽量配合周边环境，先要研究现场的天然排水系统，利用原有排水系统排水是最安全经济的。

5) 如基地位于山洪威胁地区，则必须设置排洪沟引走山洪，排洪沟和冲沟应平缓地连接，排洪沟尽量减少弯道，并采用较大的坡度，在转弯及跌水处，应采取防护措施。斜坡上的基地，应根据地形修筑雨水截洪水沟。

---

[1] 郭纯园.坡地排水工程简论 [J].建筑师（台湾），1988（10）。

第三节 地 面 排 水

山地开发常使原地面土壤发生多方面的改变。

1）新的建（构）筑物和街路的修建，使不透水面积激增（据有关资料统计，严重的地区，其不透水面积可占总用地面积的 70% ~ 80%）。

2）开发所进行的填挖土，改变了土壤的物理性能，原下层可塑性土被挖露成为表层，或原有多孔性土壤被挖去，造成新土面的渗透性远低于原土面，不易渗水。从而造成建设区内地面雨水集流时间缩短，径流系数及径流量增大，开发后的径流峰值比开发前增大1 ~ 2 倍[1]，在暴雨期间易发生洪流。因此，重视和做好场地排水工作尤为必要。

一、地面排水规划要求与方式 [2]

1）地面排水，是坡地稳定、坡面植生及用地内外防灾规划的重要部分，排水工程不仅是地面上的集水及输水构筑物，还包括挡土墙、地下透管及导水设施等。规划设计应做到：

(1) 做好来自坡面上方的排水；

(2) 减少坡度造成的冲刷流速；

(3) 合理设置必要的挡土设施，以及地下蓄水、排水等设施。

2）雨水排水方式，一般有以下三种：

(1) 自然排水：即不设任何排水设备。只在雨量特小或渗水性强的土壤地区条件下采用。

(2) 明沟排水：即设置排水明沟，而无下水管道。排水明沟除一般场地排水沟外，尚有街路路面排水槽、建筑物散水明沟等。明沟排水常用于以下几种情况：

·基地面积较小或设计平面有适于排水的地面坡度；采用明沟系统不致使明沟过深时；

·街坊的边缘地带；

·采用重点式平土方式地带；

·埋设下水管道不经济的岩石地段等。

(3) 暗管排水：即设置有地面集水设备（如明沟和带盖板排水槽）外，尚设置有雨箅、雨水井、检修井和下水管道等下水管网。暗管排水一般用于以下几种情况：

·城镇内部各地段；

·场地地下水位较高时。

二、地面排水规划注意事项

1）山地建设用地雨水的排泄，在施工阶段就必须设临时排水设施以防止灾害发生。基地建设完成后，更应注意各项排水设施的功能完全，因为建设完成后基地的排水速度与排水量均较原来山坡地的排水快且大，会改变原水系的常水位；原来下游的河川排洪断面不足时，会发生洪水暴涨而造成下游的灾害。

[1]《山地城乡规划标准体系研究》项目组.《山地城乡规划标准体系研究》开题报告 [R].重庆市规划局，2011。

[2] 郭纯园.坡地排水工程简论 [J].建筑师（台湾），1988（10）。

2）对于用地的不同区位进行不同的处理。

（1）坡顶开发：它处于集水区的最上游，因此没有区外洪水之忧，排水可依地势向四周辐射排放，因此每条排水沟管的设计流量都较小，但是出水口较多，也因此增加成本。

（2）坡面开发：必须考虑区外径流量，并引导洪水到基地的最低出口。

（3）坡谷开发：坡谷处于理集水区的最低处，所有坡面的水量都向此处集中，也因此造成成本增加。

3）山地排水防涝设施尽量以自排为主，抽排为辅，滞蓄泄相结合，密切结合雨、污水工程及竖向规划，因此选择的排泄方案应充分利用现有的蓄水设施，通过综合治理，充分发挥其调蓄作用，最大限度地减少工程量及资金投入。

4）对于拥有大量绿地面积的道路及广场，可以选择下凹式绿地的形式，使大量雨水渗入绿地，不仅能减少洪涝灾害，增加土壤水资源量，减少绿地的灌水量，而且具有良好渗透性能的土壤和植被对雨水的水质有着明显的净化作用，径流下渗后可以去除大部分的杂质，不但不会污染地下水，而且可以补充地下水。

当降雨强度超过土壤的渗透能力时，还可以采用人工修建渗透设施的方法以进行径流雨水的渗透，雨水渗透设施包括地下渗井、渗管、渗沟及渗水地面等。

5）应尽量适应自然地形，充分利用天然排水路线。

（1）山地冲沟是山地城镇地表水排泄的重要途径，保护和利用山地自然的水系通道十分重要。

（2）场地排水坡度不宜小于0.2%，坡度小于0.2%时宜采用多坡向或特殊措施排水。广场的最小坡度为0.3%，最大坡度为3%。

（3）较平坦地区，建（构）筑物的纵轴宜与地形等高线稍成角度，便于场地排水。

（4）建筑场地的雨水应由雨水管道或明沟迅速排至场外。当采用明沟时，建筑物防护范围内的雨水明沟，应做成不漏水的沟底及边坡，均应夯实，其夯实后的厚度不小于0.15m。

6）在山地，应使雨水收集形成系统，雨水收集后应考虑处理、回收利用后再排放，以节约资源，并避免雨水携带大量泥砂、污染物直接冲入河湖中。

7）在湿陷性黄土地区，既要避免挖去原覆盖下沉性土壤的表土，又要采取较大的排水坡度。

当平整场地因挖方而露出湿陷性黄土时，应尽量保留原有土层；在自重湿陷性黄土地区，建筑物周围5m内应进行夯实或压实；当平整场地为填方时，在建筑物防护范围内，应进行分层夯实。

8）低于道路和周边场地的地下、半地下、架空车库的坡道入口处应设截流排水沟。

9）建筑场地若采用台阶式布置时，应符合下列要求：

（1）台阶应具有稳定的边坡；

（2）应避免雨水沿斜坡排泄；

（3）边坡上宜用当地建筑材料做成护坡；

（4）用陡槽沿边坡排泄雨水时，应保证使雨水由边坡底部沿排水沟平缓地流动，陡槽的结构应保证在该地出现暴雨时不受冲刷。

10）地下水位高的地段，应避免或减少挖方，必要时，可适当提高设计标高；同时，不宜采用明沟排水方式。

11）山地开发中必须注意原植生物的保护，从景观及防灾观点来看，当坡度超过15°以上的树木必须保存，溪谷边缘的植生更应予以保护，用以净化水质与保护边坡。

三、边坡稳定与绿化保护 [1]

详见第五章，这里只从排水和绿化保护方面补充。

建设用地周围山坡的保护主要是通过种树、植草恢复植被和改梯等生物与工程措施来治理和防止水土流失。

建设用地采用台阶式整地完成后，上下台阶之间的边坡也必须进行保护，以防水土流失而造成灾害。

1）当台阶宽度较小时，台阶地面宜内斜，并在台阶内侧设置排水沟，当台阶宽度较大时，应采用边坡坡顶筑截水"天沟"，截住径流水，此时挖填边坡的下侧，为保护坡脚也必须设置排水沟。

2）为了截引坡顶上方的地面径流，应设置截水"天沟"，"天沟"与坡顶要有5m的安全距离，如图7-8、图7-9所示。只有在设置"天沟"确有困难，且径流面积不大或设有坚固的护砌地段，才允许将雨水直接排入坡脚下的排水沟内。一般土质的大护坡做法如图7-10所示。

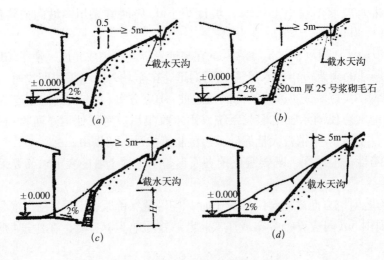

图 7-8　截水"天沟"的设置示例

(a) 设置在岩石边坡上；(b) 设置在有贴砌护坡的边
坡上；(c) 设置在挡土墙边坡上；(d) 设置在黏土边坡上；

来源：廖祖豪，吴迪慎，雷春浓，李开模. 工业建筑总平面设计 [M].
北京：中国建筑工业出版社，1984。

[1]　间碧梧. 山坡地社区的水土保持及其维护管理 [J]. 建筑师（台湾），1988（10）。

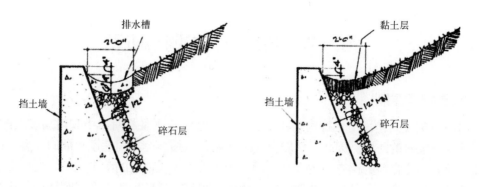

图 7-9 截水"天沟"的做法示例

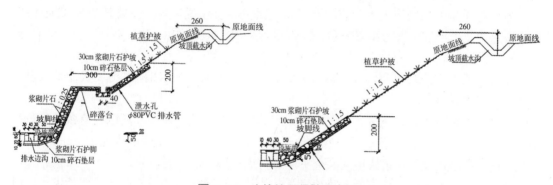

图 7-10 大护坡工程处理实例

3）通过山谷、池塘的水路有地下水的地方，填土时必须设盲管排水，以防填层下陷。

4）排水沟设置时应注意：

（1）土沟（侧沟）纵断面应避免陡坡，当土质为砂质土、粉土等时，应防侧沟的侵损，并防止土砂的堆积，同时应加大沟的断面（通常增加 10%～20%），宜设浅宽的排水沟。

（2）陡坡地的侧沟，暴雨时流速加快，沟面易损，此时宜改用管线排水，并使排水管较原地面平缓，可分段设置落差。

5）根据不同的土质和挖填方的不同，边坡坡度一般不大于 1：0.8，最大不得超过 1：1；斜坡表面种草覆盖以防土壤流失。

6）当边坡坡长大于 7～8m 时应分段处理，在中间设小阶(宽 1.5m)，其中设 25cm 水沟，底设 15cm 穿孔管，上填天然级配的碎石或砾石，将水引排到直沟。

7）当边坡为填方坡面或表土容易崩塌的不稳定坡面，可采用打桩编栅后植生。

8）当边坡土质松软，或有地下水时，或坡度大于 1：1 时的边坡，则应采用水泥框客土植生法进行边坡保护：水泥方格做成的每边为 0.5～1.0m 的方形格子构筑于坡面，框格内填满客土并压实后种草。

9）排水不良及地下水含量大的地段，宜在方格内砌石块，并于坡顶或坡脚植藤本植物加以绿化。

10）岩质的陡坡的边坡为防止岩石风化剥落可采用钢筋锚杆和铺扎钢丝网后用混凝土抹面或喷射保护（应每隔一定距离留出排水孔）。

第四节　地质灾害控制与防震

一、地质灾害控制

山地城镇规划建设中，特别是在土质疏松，且全年雨量相对集中和地震多发的山地，必须重视其灾害的防治。因此，从城镇选址开始即应按各个不同建设时期的需要，作不同精度的地质环境资料的调查，重点是要调查所建设地区或地段的潜伏危机，包括山崩、地滑、活动断层、冲蚀、淤积、基地下陷及软弱地层等，这些地段，在规划设计与建设中采用规避或工程措施，把问题解决在灾害发生之前。

环境地质与工程地质调查内容，除了报告部分有文字说明外，主要是用环境地质图、山崩潜感图及土地利用潜力图来表示，比例尽可采用 1 ： 5000。

1. 环境地质图 [1]

环境地质调查应从收集地质资料开始，用 1 ： 5000 的地形图标注出现状及前人已经调查过的地质资料。

地质灾害是一种动态现象，加上地质调查为一种点及线的调查，所以若有条件最好采用航空照片进行分析，包括对区域性的地形、水系、植生密度及地质情况均可一目了然，从航空照片上辨认地质灾害比地面调查更容易，更精确，而且更有效。

环境地质图及其说明应标明各种已发生或潜伏的地质灾害的分布范围，包括灾害区以及可能遭受危害的地区（环境地质图上所表示的崩塌地是坡地防灾的重要对象之一），其内容包括：

1) 山崩的位置与范围；

2) 水流侵蚀的位置；

3) 土壤加速侵蚀的位置及范围；

4) 活动断层的追踪；

5) 坡度及地层的倾向；

6) 差异侵蚀及沉积地形；

7) 植生密度；

8) 矿场及弃石场位置；

9) 边坡稳定性的区域评估；

10) 地质灾害的发生频率。

在没有条件的情况下，本地区一般常见的地质灾害必须指出：

1) 山崩区；

2) 河岸侵蚀区；

3) 差异沉陷区（指地面加重后会发生差异沉陷的地区，常发生于崩塌地、断层带、崩积土、弃石场、人工填土区等地）；

---

[1]　陈振华，潘园梁·台湾地区重要都会区环境地质资料之建立现状及其应用 [Z].

4) 基地下陷区（指地面未加重就会发生沉陷的地区，常由岩溶作用、油气抽取、地下水超抽、地下采矿等造成）；

5) 断层带系。

2. 山崩潜感图

山地边坡上的土石均有受重力而下滑的趋势，其分力可分成平行于边坡的剪应力及垂直于边坡的法应力，当剪应力超过土石本身的抗剪强度，则边坡将发生下滑。剪应力及抗剪强度并非保持不变，它们会因地质、地形及气候的改变而改变。我们无法对所有边坡一一比较其剪应力及抗剪强度的大小，所以常是根据经验来评估，它包括：

1) 进行坡度分析。将坡度分为以下几种：

（1）0～5%（0°～3°）；

（2）5%～15%（3°～8.5°）；

（3）15%～30%（8.5°～17°）；

（4）30%～55%（17°～28.8°）；

（5）大于55%（大于28.8°）。

坡度越大，边坡稳定性越差。

2) 图上应标明崩塌地、崩积土、弃石场及人工填土的范围。

3) 评估基岩及土壤性质，包括岩层强度、弱面间距与风化程度等三项因素。

根据以上三项内容，将山崩潜感的评估分综合起来，依其总分的高低，将基岩分为强岩、中强岩及弱岩。国际岩石力学学会推荐的岩石材料的强度分类标准、国际上常用的岩石风化程度分类标准及山崩潜感性评估分类标准可参考表7-1～表7-5。

国际岩石力学学会地岩石材料强度的分类标准　　　　　　表7-1

符号	分类	单轴抗压强度（MN/m²）	野外简易分类法	山崩潜感评估分数
R0	极弱	0.25～1.0	大拇指略能压出凹痕	2
R1	甚弱	1.0～5.0	可以铁锤尖端敲碎，可用小刀切削	2
R2	弱	5.0～25	可以铁锤尖端刮出浅痕，小刀难以切削	2
R3	中强	25～50	铁锤敲击一次可裂，小刀无法切削	1
R4	强	50～100	铁锤敲击一次以上始裂	1
R5	甚强	100～250	铁锤敲击多次始裂	0
R6	极强	>250	用铁锤敲击，仅见小碎片跳出，极难敲裂	0

岩石风化程度分类标准　　表7-2

符号	分类	风化程度	山崩潜感评估分数
IA	新鲜	岩层未见风化迹象	0
IB	极微风化	不连续面上稍见褪色	0
II	微风化	全部岩材均已变色	1
III	中度风化	一半以下的岩材分解或崩解为土壤	
IV	高度风化	一半以上的岩材分解或崩解为土壤	2
V	全风化	所有岩材均已分解或崩解为土壤，但岩层原结构仍清晰可见	2
VI	土壤	所有的岩材均已变为土壤，岩层原结构已不复见	2

弱面间距分类　　表7-3

分类	弱面间距（m）	山崩潜感评分数
DI	>2	0
DII	2～0.6	1
DIII	<0.6	2

山崩潜感性评估分类准则*　　表7-4

符号	分类	山崩潜感评估总分
A	强岩	0～2
B	中强岩	3～4
C	弱岩	5～6

注：*同时考虑岩石强度、岩层风化程度及岩层弱层间距等三项因素。

灾害防治成本指数* 表7-5

山崩潜感性分类	评估因素组合	灾害防治成本指数
低	IAa, IIAa, I Ae, I Ba, ICa	0
低	IAb, I Ac, I Ad, II Ad, II Ae, IIIAa, I Bb, I Bc I Bd.II Ba, ICb, I Ce, IICa, If * *	5
中高	IIAb, IIAc, IIIAb, IIIAd, IIIAe, IVAa *, IIBd, IIBb, IIBe, IIIBa IIIBb, IIIBe, ICc, ICd, IICb IICd, IICe, IIICa, IIf * *	10
高	IIIAc, IIBc, IIIBcIIIBd, IICc IIICb, IIICc, IIICd, IIICe, III f * * IVA *, IVB *, IVC *	20

表中字母含义:

坡 度 (%)		基岩性质***		其他因素
I	0~5	A	强 岩	a. 岩层未受扰动 b. 堆积层分布区 c. 崩塌地,顺向坡,地震,排水不良 d. 河岸侵蚀,向源侵蚀 e. 地面冲蚀 f. 废弃土石,人工填土
II	5~30	B	中强岩	
III	30~55	C	弱 岩	
IV	>55			

*IV 级坡中除 VIAa 属中高潜感性之外,其他均列入高潜感性,不论其基岩性质如何。

** 在废弃土石或人工填土的场合,只考虑其与坡度的关系。

*** 参考表 7-1 ～表 7-4。

应该指出:山崩潜感图显示的是山崩潜感性,是表示现阶段自然状态下的评估结果,一旦有人为因素的介入,如开挖、建房、修路、建水库等,则可能升高山崩的潜感性,因此为防止此类灾害的发生,开发前尚必须对其安全性进行审查,如审查结果认为无安全顾虑或能提出适当的边坡稳定措施后,方能开挖整地。

3. 评估

山地城镇开发不但要考虑安全,也要注意经济,为了做到两者兼顾,还需要对土地的利用潜力作详尽的评估,其步骤如下:

1) 将各种地质灾害的严重程度加以分级,见表 7-6 所列。

各类地质灾害防治的成本指数 表7-6

地质灾害类别	灾害严重等级	单项灾害防治成本指数
边坡破坏	0	0
	1	5
	2	10
	3	20
土壤冲蚀	0	0
	1	1
	2	2
	3	3
基础沉陷	0	0
	1	2
	2	3
	3	10
基地下陷	0	0
	1	2
	2	3
	3	10
	4	20
坡度大于55%	—	26

灾害等级中，数字愈大，表示严重程度愈高，处理的难度亦愈高。0代表地质灾害控制不需处理，1代表处理容易，2代表处理稍难，3代表地质灾害控制处理很难，4代表处理极难甚至无法处理。

2) 确定各级地质灾害的防治成本指数，防治成本可依据拉里德等人（Larid and other）所创立的计算公式估算。

3) 将同一地点的各种地质灾害的防治成本指数相加，得到该地点的灾害防治成本总指数，即土地开发成本总指数。

4) 依据土地开发成本总指数的大小，即可决定土地利用潜力的等级，见表7-7所例。

土地利用潜力等级　　　　　　　　　　　　　　　　　表7-7

土地开发成本总指数	土地利用潜力等级
0～5	很高
6～10	高
11～20	中
21～25	低
>25	很低

经验指出：土地利用潜力是完全从环境地质的观点加以评估的，其成果是采用计算机绘制山崩潜感图和土地利用潜力图，供规划设计时应用。

二、环境地质资料的应用

环境地质图非常适用于土地利用的规划与管理，例如环境地质图中标示有地形（等高线）、地质（岩性界线、地层倾斜、节理位态、褶皱断层等）及已有潜在地质灾害的种类与分布范围等资料，据此可执行分区规划及禁建与限建区的建筑道路等规划与管理措施。

1. 地质研究

环境地质图其实以地质图为基本，这种地质图是以岩性来分界的，但也包括地质单位，所以要比一般地质图详细，从岩性的分布大致可推测其风化的土壤产物，例如砂岩的部分将产生砂质土壤，页岩的部分将产生黏土质的土壤，凝灰质的部分风化后可能产生膨胀的黏土矿物等。

从地层的倾斜可以推测岩层在地下浅处的延伸情况；若再加上岩性界线，则可规划钻探或地球物理勘探时的钻孔及布线位置，甚至可以决定钻孔的间隔与深度。从地层的倾斜方向可以确定哪些坡面是顺向坡或逆向坡，沿顺向坡开挖时，若开挖角度大于地层倾角时，会使层面外露，容易发生滑动。从地层倾斜与岩性界线的资料亦可推断路线开挖（或隧道开挖）时沿线将遇到何种岩层，对开挖难易度及开挖费用的评估有帮助。

至于褶皱、断层与节理的资料，则有助于不连续面的分析及推测破碎带的位置，甚至对边坡稳定性及开挖时可能遇到的地质问题亦能有所预测。

2. 分区规划

环境地质图中明显指出各种已发生或潜在的地质灾害的分布范围，在作分区规划时，可依据此图直接、迅速地了解规划地区的地质危险地带。对危险性较大的可列为不可建筑用地；危险性中等或较小的在经济原则下，经过确实的工程处理后，可作小规模的开发；不具危险性的地区则可以在合理的密度下加以开发。如此的土地利用方法，不但可减少灾害发生，而且在有限的土地资源下可获得合理而经济的利用。

图 7-11 是表示如何在分区规划中利用环境地质图的例子，图 7-11（*a*）是一张地形示意图，图上表示道路两旁已有一些建筑及较平坦的农田。为适应快速的发展，在进行分区规划时，可能会将有建筑的地方划为商业区，农田的部分划为高密度住宅区，山坡地部分（除了西南部）划为低密度住宅区，如图 7-11（*b*）所示。但如果先从事环境地质调查，结果发现地段中间部分每数年就要淹水一次，右中有一条南北向的活动断层，右方又为地层滑动的地方，而且滑动面很深，不易处理，如图 7-11（*c*）所示；根据这张图（即环境地质图）的资料从事分区规划的结果，如图 7-11（*d*）所示，就与根据地形图所做的结果大异其趣。有了环境地质图之后，就会避开危险地带，而将重要建筑摆在比较安全的地方，如此可以减少灾害的发生，同时人身与财产都获得保障。

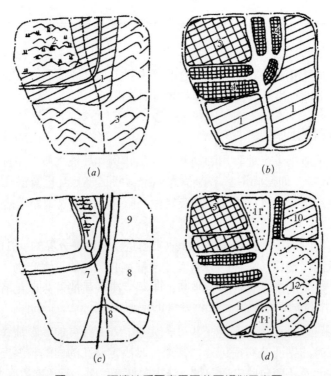

（*a*）　　　　　　　　　　　　　　　（*b*）

（*c*）　　　　　　　　　　　　　　　（*d*）

图 7-11　环境地质图应用于分区规划示意图

（*a*）地形示意图；（*b*）根据地形示意图所作分区规划；（*c*）环境地质图；（*d*）根据环境地质图所作分区规划

1- 一般建筑区；2- 农田；3- 山村地；4- 商业区；5- 高密度住宅区；6- 淹水区；7- 断层带；8- 高地层活动区；
9- 低地层活动区；10- 低密度低层住宅区；11- 公园绿地；12- 山林绿地

3. 施工难易度的研究

山崩潜感图可以显示调查区内各部分在自然状态下发生山崩的几率（潜感性）。低潜感区分布于地势平坦（坡度 0 ～ 5%）、地盘稳固、无边坡滑动，要加以利用时不需复杂的工程处理的地方，但挖填工作仍需符合开发的规范。中低潜感区分布于两种地区，其一为坡度低平（0 ～ 5%），但有面临崩塌、河岸侵蚀或表层冲蚀等地质作用的威胁，或为废弃土石及崩积土石堆积区，要加以利用时必须针对潜在地质灾害的特性施行工程处理；另一种为坡度较陡（5%～30%），但地盘稳固，发生边坡滑动的可能性较低，利用时需要进行整坡、护坡及水土保持等工程。中高潜感区也分为两类：其一为坡度介于5%～30%的坡地，有潜在的地质危险，或为废弃土石及崩积土分布区，利用时需先作详细的工程地质调查，然后进行工程处理，由于坡度较陡，处理难度及工程费用均相应提高；另一类为坡度大于30%的坡地，地盘未受过扰动，但因坡度较陡，整坡作业不易执行，且需相当的边坡稳定措施。至于高潜感区则分布于坡度陡峭且已有各种地质灾害发生的坡地，要加以利用时必须先作详细的工程地质调查，甚至需要详细的地下勘探，然后再针对地质灾害的特性作出工程处理，由于坡度陡峭，危险度高，施工不易，花费很大，非不得已，实无利用的必要。

随着山崩潜感的升级，边坡的稳定性及土壤的冲蚀量将愈趋严重，所以逻辑上，山崩潜感性越高的地带就应愈少去碰它，如果利用高潜感性的坡地，则边坡稳定与水土保持的费用将大幅增加，其每年的维护费用也相当可观，有时还可能发生严重的灾害。总之，土地的利用要依其本质，适得其所，如果勉强使用，经济上、安全上均需付出很大的代价。

另外，山崩潜感图也可以决定坡地开发时应保持原始地貌的比例。一般而言，山崩潜感性愈高，边坡稳定性愈低，且表层冲蚀愈大，亦即危险性愈高，所以其保留原始地貌的土地应愈多。

4．开发度选择

土地利用潜力图表示土地利用潜力的高低，或其可适性的程度，作图时已同时考虑到土地开发时的安全与经济两项因素。一般而言，土地利用潜力愈高，可开发的密度也愈高，反之则相反。

5．规定特别调查地区

环境地质图上标示着各种地质危险地带，但土地开发者有时可能需要利用这些危险地带，此时应首先绘出特别调查地区，进行详细的地质调查，提交出保证克服危险的具体措施后方准使用。假如碰到活动断层时，最好以活动断层两边各500m为界，划定为特别调查区。

6．山坡地建筑管理

对山坡地开发应该制定出具体的管理办法，对有下列情形之一的应不准开发建筑，参见表7-8所例。

（1）坡度陡峭的，山地坡度超过30%者不得开发建筑；

（2）地质结构不良、地层破碎、断层或顺向坡有滑动可能的地带；

（3）现有矿场、废土堆、坑道及其周围有危害安全的地带；

（4）河岸、向源侵蚀、断崖有崩塌和洪患的地带。

以上各项潜在危险带均显示在环境地质图内，所以环境地质图其实就是配合禁建规定而作的，两者有很深的依存关系。

场地的利用准则表　　　　　　　　　　表7-8

土地稳定度		道路		建筑基地面积（hm²）			公用管线	水塔
		公有	私有	0.1	0.5	1.0		
稳定性降低	Sbr	Y	Y	Y	Y	Y	Y	Y
	Sun	Y	Y	Y	Y	Y	Y	Y
	Sex	[Y]	Y	[Y]	Y	Y	Y	[Y]
	Sls	[Y]	[Y]	[N]	[Y]	[Y]	[Y]	[N]
	Ps	[Y]	[Y]	[Y]	[Y]	[Y]	[Y]	[N]
	Pmw	[N]	[N]	[N]	[N]	[N]	[N]	[N]
	Ms	[N]	[N]	N	N	N	N	N
	Pd	N	[N]	N	N	N	N	N
	Psc	N	N	N	N	N	N	N
	Md	N	N	N	N	N	N	N
	Pf	[Y]	[Y]	（使用活动断层带管理办法）[N]				[N]

注：S：稳定（Stable）。　　　　mw：陡坡上之块运动（Mass Wasting），如落石。
　　P：潜伏性（Potential Movement）。　S：浅层崩塌（Shollow Landsliding）。
　　M：活动性（Moving）。　　　sc：地层滑动，可见新鲜崩崖（Scarp）。
　　br：岩盘线于1m（Bedrock）　un：缓坡上之未固结物质（Unconsolidated Material）。
　　d：深层崩塌（Deep Landsliding）。　Y：可建。
　　ex：膨胀性土壤（Expansive Soil）[Y]：原则上可建，只要地质情况允许或工程处理。
　　f：活动断层线30m以内。　　　　　N：禁建。
　　ls：老崩场地（Ancient Landslide Debris）。
　　[N]：原则上禁建，除非地质情况允许或工程处理可行。

7．地质危险地带的管理

一般对于地质危险地带所采取的预防措施包括规避、危险地安定化、结构安全化、禁建或限建以及装设警报系统五种。规避是最单纯便捷的方法，但随着土地价值的逐年提高，有时不能一味地规避；土地安定化及结构安全化需考虑成本问题，必须合乎经济原则；有些危险地带根本就不值得花钱安定，或者目前的技术无法加以克服，所以需要禁建；有些地方虽有轻微的危险，但是容易克服，可以准予适度的利用。

三、防震

1．要求

1) 在地震烈度较高的地区（大于6度），为了减小地震灾害的损失，规划在用地选择时应避开地震断裂带和地质灾害易发隐患区，避开冲沟；要立足于道路功能及交通能力；布置好建筑物之间的距离，并应适当放宽。

2) 个体建筑的选择，应注意建筑体形简单规整，尽量避免在平面上凸凹曲折和在立面上高低错落，尽量使建筑的质量中心与刚度中心相重合，主体建筑物与相邻的附属房屋应用防震缝隔开，建筑物的屋面上不宜有局部突出，多跨建筑应尽量避免采用不等高的形式等。

3) 发展地下空间分别用于储存生活必需品，油料、危险品、必备生产资料等。

2. 防震规划要点

1) 合理设置避震通道、避震场地、避难中心，确保救灾道路、疏散道路的畅通与安全，道路最好不修刚性混凝土路面；保护生命线工程，对于场地的一切管线应采用抗震强度较高的材料制作；架空管道和管道与设备连接或穿插墙体处，既要联结牢固以防滑落掉下，又要采用软接头以防管道拉断。

2) 居住建筑、城镇重要的公共建筑（包括中、小学校，以及医院等）和城镇的基础设施工程都要按国家抗震设防标准做好工程地质和抗震工作。

3) 要严格控制对较大坡地的开发使用。

4) 避害疏散道路要重点保障疏散人员及救灾物资能快速有效地、安全地向避震疏散场地输送，路宽应不小于15m，严格将建筑密度控制在30% ~ 35% 范围内，房屋间距控制在 1 ∶ 1 ~ 1 ∶ 1.3 左右，以确保有畅通的疏散道路和足够的避难场所。

5) 避震疏散场地的选择应坚持平时与震时结合，就近疏散的原则。平时履行休闲、娱乐和健康等功能；但配备有救灾所需的设施，供突发灾害时使用，二者兼顾，互不矛盾。疏散场地可利用中小学校的操场、街心花园、路旁绿化带、小游园、城镇公园，以及符合要求的机关大院、农贸市场等，这些场地应不少于两个出入口与主次干道或居民区道路连接，按人均 1 ~ 2.5m^2 考虑，同时应考虑医疗、供水、供电、粮食、交通、公厕等公共配套设施。

居住地距应急避难场地按步行 5 ~ 10min 到达的疏散半径为宜。每个应急避难场地面积应不小于 3000 m^2，且必须设置明显的避难场地标识。

主要参考资料

[1] 徐思淑，周文华. 城市设计导论 [M]. 北京：中国建筑工业出版社，1991.

[2] 徐思淑，周文华编著. 城镇的人居环境（国家自然科学基金资助项目）[M]. 云南大学出版社，1999.

[3] 冯志成，徐思淑主编. 山地人居与生态环境可持续发展国际学术研讨会论文集 [C]. 北京：中国建筑工业出版社，2002.

[4] 徐思淑，周文华. 云南山水城镇特色的保护与发展研究（云南省应用基础基金资助项目）[R].1997.

[5] 徐 坚，周 鸿. 城市边缘区（带）生态规划建设 [M]. 北京：中国建筑工业出版社，2005.

[6] 徐 坚. 山地城镇生态适应性城市设计 [M]. 北京：中国建筑工业出版社，2008.

[7] 重庆建筑工程学院民用建筑设计教研组. 住宅建筑设计（内部教材）[Z].1977.

[8] 吴隆堃. 简述山坡地开发环境影响评估架构体系 [J]. 建筑师（台湾），1988（10）.

[9] 重庆建筑工程学院建筑总平面设计编写组. 建筑总平面设计（内部教材）[Z].1987.

[10] 廖祖裔，吴迪慎，雷春浓，李开模. 工业建筑总平面设计 [M]. 北京：中国建筑工业出版社，1984.

[11] 徐思淑. 西南山区、丘陵地区住宅规划设计（专题学术论文）[Z].1961.

[12] 徐思淑. 城市详细规划原理（重庆建筑工程学院讲稿)[Z].1963～1965.

[13] 徐思淑. 初论地下空间的开发和利用对大城市规划和建设的影响 [J]. 理论与创作(重庆建筑工程学院)，1982（7）.

[14] 同济大学，重庆建筑工程学院编. 《城市环境保护》（讨论稿）[Z].1981.

[15] 王学海. 山地城镇规划探索——以芒市总体规划为例 [R]. 昆明市规划设计研究院，2011.

[16] 张绍稳. 新形势下山坝统筹的规划工作方法与管理措施——以宾川县为重点实例 [R]. 云南省设计院规划分院，2011.

[17] 季斌. 山地城镇道路基础设施的规划设计 [R]. 云南省规划设计研究院市政设计所，2011.

[18] 傅彦. 交通稳静化在重庆主城区交通规划中的应用 [J]. 山地城乡规划，2011（2）.

[19] 王健，郭抗美，张怀静主编. 土木工程地质 [M]. 北京：人民交通出版社，2009.

[20] “山地城乡规划标准体系研究”项目组《山地城乡规划标准体系研究》开题报告 [R]. 重庆市规划局，2011.

[21] 黄光宇. 山地城市学原理 [M]. 北京：中国建筑工业出版社，2006.

[22] 邓蜀阳，许懋彦，张彤等编. 走在十八梯——2011 八校联合毕业设计作品 [M]. 北京：中国建筑工业出版社，2011.

[23] 毛刚. 生态视野西南高海拔山区聚落与建筑 [M]. 南京：东南大学出版社，2003.

[24] 毛刚. 山地栖居 [M]. 北京：中国建筑工业出版社，2010.

[25] 陈振华，潘园梁. 台湾地区重要都会区环境地质资料之建立现状及其应用 [Z].

[26] 张春祥，王富华. 太原城市生态框架的研究与建构 [J] 城市规划，2000（9）.

[27] 闻碧梧.山坡地社区的水土保持及其维护管理 [J].建筑师（台湾），1988（10）.

[28] 郭纯园.坡地排水工程简论 [J].建筑师（台湾），1988（10）.

[29] 王士革.云南城镇泥石流灾害与城镇防灾规划 [J].城市规划，1995（3）.

[30] 同济大学建筑与城市规划学院，重庆大学建筑城规学院.基于工业遗产保护的滨水区域城市设计 [M].
    北京：中国建筑工业出版社，2003.

[31] 加拿大沃德城市设计公司，湖南城市学院规划建筑设计研究院编制.五洲建筑主题园 [R].云南省蒙
    自市规划局.

[32] 武汉建筑材料工业学院，同济大学，重庆建筑工程学院.城市道路与交通（高等学校试用教材）[M].
    北京：中国建筑工业出版社，1995.

后　记

　　我自 1959 年在重庆建筑工程学院建筑学专业毕业以后，留校在建筑系城市规划教研室从事城市规划教育工作。在规划设计实践中，有机会先后在四川、贵州、云南、广西等省和自治区，接触"山地"，认识"山地"，对"山地"产生浓厚的兴趣，开始对它进行研究和资料积累；更有幸的是在"文革"期间，因我被调入 111 研究室参加"三线""山、散、洞"建设工作，之后又致力于城市设计和人居环境研究，继续接触"山地"，对"山地"有了进一步的了解。

　　我国传统上有着丰富的山地城镇建设经验，特别是随着我国城镇化的快速推进，保护耕地与保障城镇用地的矛盾不断加剧的现在，为了确保社会经济的可持续发展，确保城镇与农业都得到发展，维持人居环境的生态平衡，城镇上山、上坡，不再扩占平（地）坝，这是势在必行的，也是我国城镇发展的关键问题。

　　为此，认真总结历史的规划建设经验，就显得十分重要而急迫。本书力图从城镇的现代需要出发，从传统城镇规划建设经验的启迪中，经过反思而加以总结，探索城镇上山、上坡发展科学之路。

　　本书以科学探索的态度进行研究总结，内容翔实，图文并茂，希望能为相关专业的教学、生产、科研与建设提供一定的参考，具有研究、论介和实用等多方面的价值。但毕竟限于时间和水平，可能会挂一漏万，谬误之处望大家予以指正。同时，在编写过程中，运用了我原学习、工作单位——重庆建筑工程学院民用建筑教研室、工业建筑教研室编写的教材中的相关内容，以及过去收集的大量资料，由于当时这些资料有的未署个人姓名，有的是我当时对知识产权认识不足，在资料记录中未留下出处，以致未能标出作者姓名，在此表示深深的歉意和感谢！

　　在编写过程中，一直得到了我爱人周文华教授的大力支持和帮助，得到了云南省住房和城乡建设厅规划处、蒙自市规划局、弥勒县规划局、石屏县规划局以及亲家丁榆生高级规划师、李冰、李碧等同志的帮助，在此表示深切的感谢！

　　最后，要感谢中国建筑工业出版社吴宇江编审和其他同志为本书的出版所做的一切！

2011 年 12 月 28 日于昆明理工大学